听专家田间讲课

棚室瓜菜
实用技术

高丁石　主编

U0256328

中国农业出版社

主　　编　高丁石　赵晓昉　魏艳丽
　　　　　王进文

副 主 编（按姓名笔画为序）

　　　　　王海荣　杨伟峰　李四清
　　　　　罗俊丽　皇美玲　程国法

编写人员（按姓名笔画为序）

　　　　　王进文　王秀丽　王海荣
　　　　　吉存良　杨伟峰　李四清
　　　　　陈传亮　罗俊丽　赵晓昉
　　　　　皇美玲　徐永印　高丁石
　　　　　高玉镜　程国法　魏艳丽

出版说明

CHUBANSHUOMING

保障国家粮食安全和实现农业现代化，最终还是要靠农民掌握科学技术的能力和水平。为了提高我国农民的科技水平和生产技能，向农民讲解最基本、最实用、最可操作、最适合农民文化程度、最易于农民掌握的种植业科学知识和技术方法，解决农民在生产中遇到的技术难题，中国农业出版社编辑出版了这套"听专家田间讲课"丛书。

把课堂从教室搬到田间，不是我们的最终目的，我们只是想架起专家与农民之间知识和技术传播的桥梁；也许明天会有越来越多的我们的读者走进校园，在教室里聆听教授讲课，接受更系统、更专业的农业生产知识与技术，但是"田间课堂"所讲授的内容，可能会给读者留下些许有用的启示。因为，她更像是一张张贴在村口和地头的明白纸，让你一看就懂，一学就会。

本套丛书选取粮食作物、经济作物、蔬菜和果树等作物种类，一本书讲解一种作物或一种技能。作者站在生产者的角度，结合自己教学、培训和技术推广的实践经验，一方面针对农业生产的现实意义介绍高产栽培方法和标准化生产技术，另一方面考虑到农民种田收入不高的实际问题，提出提高生产效益的有效方法。同时，为了便于读者阅读和掌握书中讲解的内容，我们采取了两种出版形式，一种是图文对照的彩图版图书，另一种是以文字为主插图为辅的袖珍版口袋书，力求满足从事农业生产和一线技术推广的广大从业者多方面的需求。

期待更多的农民朋友走进我们的田间课堂。

2016 年 6 月

前言
QIANYAN

　　棚室设施栽培是种植业的一种重要增效方式，它采用日光温室、塑料大棚、拱棚等多种形式的设施栽培措施，为作物创造适宜的生长环境，实行提前与延后播种或延长作物生长期，进行反季节、超时令的生产，达到高产、优质、高效的目的。

　　棚室设施栽培历史悠久，我国用温室进行瓜菜生产已有 2 000 多年的历史，当时人们已能利用纸做覆盖物，做成纸窗温室进行蔬菜生产；到了 18 世纪，在法国出现了玻璃做屋顶的玻璃温室；近代随着塑料工业的发展，塑料产品逐渐代替了玻璃，成为棚室设施栽培的主要材料，世界各国也从 20 世纪 60 年代中期开始，迅速发展棚室设施农业生产；进入 21 世纪后随着人们生活水平的提高，对反季节农产品需求量不断增加，加上科学技术与棚室设施栽培材料不断创新发展，棚室设施栽培也不断升温加速发展。目前，棚室设施农业已成为现代农业的显著标志，也是现代农业建设的重要部分，促进棚室设施农业发展是实现农业现代化的重要任务。棚室设施农业的快速发展，为有效保障我国瓜菜以及肉、蛋、奶等农产品季节性均衡供应，改善城乡居民生活发挥了十分重要的作用。但是，我国目前棚室设施农业的整体发展水平不高，机械化、自动化、智能化和标准化程度较低；科技创新能力较弱，生物技术、工程技术和信息技术的集成运用不够；资金投入不足，基础设施、机械装备和生产条件不配套；支持措施不尽完善，发展的规模、质量和效益还有待于进一步提高。

为进一步规范棚室瓜菜生产，提高生产技术水平和效益，结合近年来实践经验，我们组织编写了该书，旨在为棚室瓜菜生产稳步发展尽些微薄之力。

本书坚持基本理论和生产实践相结合的原则，根据近些年来的生产实践经验对日光温室、大棚、小拱棚十多种瓜菜集约化栽培模式以及实用技术进行了阐述，同时对当前棚室建造中和瓜菜生产中容易出现的问题与对策进行了介绍，本书内容通俗易懂，模式技术来源于生产实践经验，技术具体实用，生产操作性较强，适合广大农民和基层农业科技人员阅读。

由于编写者水平所限，时间仓促，书中难免有不当之处，敬请广大读者批评指正。

编　者

2016 年 10 月

目录
MU LU

第一讲
日光温室黄瓜//苦瓜栽培实用技术

一、黄瓜、苦瓜对环境条件的要求

(一) 黄瓜

黄瓜喜温暖，不耐寒冷。生育适温为 $10\sim32\,℃$，一般白天 $25\sim32\,℃$，夜间 $15\sim18\,℃$ 生长最好；最适宜地温为 $20\sim25\,℃$，最低为 $15\,℃$ 左右；最适宜的昼夜温差为 $10\sim15\,℃$。黄瓜高温 $35\,℃$ 光合作用不良，$45\,℃$ 出现高温障碍，低温 $-2\sim0\,℃$ 冻死，如果低温炼苗可承受 $3\,℃$ 的低温。

黄瓜喜光而耐阴，在果菜类中属于比较耐弱光的种类。育苗时光照不足，则幼苗徒长，难以形成壮苗；结瓜期光照不足，则易引起化瓜。强光下其群体的光合效率高，生长旺盛，产量明显提高；在弱光下叶片光合效能低，特别是下层叶感光微弱，光合能力受到抑制，而呼吸消耗并不减弱，减产严重。黄瓜在短日照条件下有利于雌花分化，幼苗期 8 小时短日照对雌花分化最为有利。12 小时以上的长日照有促进雄花发生的作用。

黄瓜喜湿、怕涝、不耐旱，要求土壤的相对持水量为 85%～95%，空气相对湿度白天 80%、夜间 90% 为宜。黄瓜不同发育阶段对水分的要求不同，其中发芽期要求水分充足，但不能超过土壤含水量的 90%，以免烂根；幼苗期与初花期应适当控制水分，维持土壤含水量 80% 左右为宜，以防止幼苗徒长和沤根；结瓜期因其营养生长与生殖生长同步进行，耗水量大，必须及时供水，浇水宜小水勤浇。

黄瓜喜湿而不耐涝、喜肥而不耐肥，宜选择富含有机质的肥沃土壤。一般喜欢 pH 5.5～7.2 的土壤，以 pH6.5 为最好。

黄瓜对矿质元素的吸收量以钾为最多，氮次之，再次之为钙、磷、镁等。大约每生产 1 000 千克黄瓜需消耗氧化钾 5.6～9.9 千克、氮 2.8 千克、五氧化二磷 0.9 千克、氧化钙 3.1 千克、氧化镁 0.7 千克，其各元素吸收量的 80% 以上是在结果以后吸收的，其中 50%～60% 是在收获盛期吸收的。

（二）苦瓜

苦瓜喜温，耐热，不耐寒。种子发芽的适宜温度为 30～33 ℃，20 ℃以下发芽缓慢，13 ℃以下发芽困难；生长适宜温度 20～30 ℃。幼苗生长的适宜温度为 20～25 ℃，15 ℃以下生长缓慢，10 ℃以下生长不良；在开花结果期能忍受 30 ℃以上的较高温度，开花授粉期的适宜温度为 25 ℃左右。在 15～25 ℃的范围内温度越高，越有利于苦瓜的生育。

苦瓜属短日照植物，温度稍低和短日照有利于雌花的发育；苦瓜喜光不耐阴。苦瓜的花芽分化发生在苗期，苗期的环境条件对其性别表现影响较大。在低温条件下，短日照可使苦瓜植株发育提早，无论是第一雌花还是第一雄花节位都明显降低，使雄花数减少，雌花数增加。因而大棚栽培时，应尽量争取早播，在一定温度下充分利用前期自然的短日照。苦瓜对光强要求较高，不耐弱光。光照充足，苦瓜枝叶茂盛，颜色翠绿，果大而无畸形果的产生。光照不足情况下，苦瓜茎叶细小，叶色暗；苗期光照不足可降低对低温的抵抗能力。因此大棚栽培苦瓜时，还应注意补充光，以促进植株的生长和提高产量。

苦瓜喜湿，但不耐积水。整个生育期间需水量大，生长期间需 85％的空气相对湿度。苦瓜连续结果性强，采收时间长，植株蒸腾量大，要时常保持土壤湿润，但不应积水，积水容易坏根,叶片黄萎,影响结果,甚至造成植株坏死。土壤水分不足,植株生育不良,雌花不会开放,严重影响产量。

温室冬春茬黄瓜套种苦瓜可采用高后墙短后坡半地下式日光温室。

二、黄瓜//苦瓜栽培模式

黄瓜:选用耐低温、耐弱光,高抗霜霉病、枯萎病等多种病害的品种。9月中旬育苗,10月中旬定植,11月中旬上市。采用嫁接苗,宽窄行栽培,宽行80厘米,窄行50厘米,株距30厘米,亩*栽黄瓜3 500株左右。翌年4月中下旬拉秧,亩产量7 500千克。

苦瓜:9月中旬育苗,10月中旬定植,翌年4月中旬上市。宽行80厘米,窄行50厘米,株距1.5米,亩栽700棵左右。8月拉秧,亩产量4 500千克。

三、黄瓜//苦瓜栽培实用技术

(一)黄瓜栽培实用技术

1. 品种选择 黄瓜宜选用津优30、津优

---

* 亩为非法定计量单位,1亩≈667米^2。——编者注

32、中农 21、博耐、兴科 8 号等耐低温、耐弱光、高抗病等高产优质品种。

2. 适时播种 越冬茬黄瓜从播种至结瓜初盛期约需 92 天，黄瓜销售量开始较大幅度增加，价格较高的时期是在大雪前后 10 天，即 12 月上旬，所以，一般 9 月中旬为黄瓜适宜播种期。

3. 培育壮苗 越冬茬黄瓜持续结瓜能力较强，其中，前期产量仅占总产量的 40% 左右，而经济收益却占总收益的 60% 以上。所以应注重培育壮苗，促进花芽分化，增加雌花。

（1）**育苗设施的选择及准备** 选择日光温室或智能温室作为育苗场所，靠近棚边缘 1.5 米处不做苗床，为作业走道及堆放保温物，中间 5 米作为苗床。苗床地面可铺设土壤电热加温线，也可在温室内设立加温管道或其他设施。使用 32 穴塑料穴盘或营养钵作为育苗容器，平底塑料盘作为接穗苗培育容器，其他辅助设施有催芽箱、控温仪、薄膜等。

（2）**种子处理及催芽** 播种前先将种子放入到 55～60 ℃的热水中浸 20～30 分钟，热水量是种子量的 4～5 倍，并不断搅动种子。待水温降至 25～30 ℃时浸泡 4～6 小时。杂交南瓜或黑籽南瓜要适当长些，浸泡 6～8 小时。待种子吸水充分后，将种子反复搓洗，用清水冲净黏液后晾干，放在25～30℃条件下催芽。催芽过程中，每天用20℃左右温水淘洗，催芽2～3天，待80%露白即可播种。

（3）育苗基质填装

① 基质穴盘育苗。基质一般采用草炭、蛭石、珍珠岩，三者比例为3∶1∶1，每立方基质拌入三元复合肥1.5千克，多菌灵可湿性粉剂250克，调配均匀备用。

② 营养土配制。配制的苗床营养土。用腐熟的农家有机肥3～4份，与肥沃农田土6～7份混合，再按每立方米加入尿素480克、硫酸钾500克、过磷酸钙3千克、70%甲基硫菌灵可湿性粉剂和70%乙膦铝锰锌可湿性粉剂各150克，拌匀后过筛，配制能促进壮苗和增加雌花的苗床营养土，营养钵育苗。以黑籽南瓜为砧木嫁接，培育壮苗，防治枯萎病等土传病害。

（4）播种及苗床管理 黄瓜播种应选择晴天上午，黑籽南瓜要比黄瓜早播种2天。播种时应做到均匀一致，播前浇足底水。覆土不能太厚也不能太薄，太厚时种子出土困难，太薄种子又容易"戴帽"出土。黄瓜的覆土厚度掌握在1.0～1.5厘米，黑籽南瓜掌握在2.0～2.5厘米。

播种后立即用地膜覆盖苗床，增温保墒，为种子萌发创造良好的温湿条件。播种后要保证较高的温度，一般控制在 25～30 ℃，出苗后温度可适当降低，以防止幼苗过于徒长。苗床土壤湿度控制在 75％左右，保持床面见湿少见干。幼苗出土后到嫁接前间隔 4～5 天喷洒 50％甲基硫菌灵可湿性粉剂 500 倍，50％多菌灵可湿性粉剂 500 倍喷洒。

（5）嫁接及嫁接苗的管理

① 嫁接适期。在砧木和接穗适期范围内，应抢时嫁接，宁早勿晚。砧木的适宜嫁接状态是子叶完全展开，第一片真叶半展开，即在砧木播种后 9～13 天；接穗黄瓜苗刚现真叶时，即在黄瓜播种后 7～8 天为嫁接适期。

② 嫁接方法。目前生产上应用较多的方法为插接，该法接口高，不易接触土壤，省去了去夹、断根等工序，但嫁接后对温、湿度要求高。嫁接时，先切除砧木生长点，然后将竹签向下倾斜插入，注意插孔要躲过胚轴的中央空腔，不要插破表皮，竹签暂不拔出。把黄瓜苗起出，在子叶以下 8～10 毫米处，将下胚轴切成楔形。此时拔出砧木上的竹签，右手捏住接穗两片子叶，插入孔中，使接穗两片子叶与砧木

两片子叶平行或呈"十"字形嵌合。

③嫁接后管理。嫁接后覆盖薄膜保墒增温。嫁接后 1～2 天为愈伤组织形成期，是成活的关键时期。一定要保证小拱棚内湿度达 95％以上，白天温度保持 25～30 ℃。前两天应全遮光，3～4 天后逐渐增加通风，逐步降低温度。1 周后，白天温度 23～24 ℃，夜间 18～20 ℃，只在中午强光时适当遮阳。定植前一周降至 13～15 ℃。如果砧木萌发腋芽，要及时抹掉。要调节好光照及温度和湿度，提高成活率。10 天后按一般苗床管理。

适龄壮苗的形态特征：日历苗龄 35～45 天，3～4 片真叶，株高 10～15 厘米。茎粗节短，叶厚有光泽，绿色，根系粗壮、发达、洁白，全株完整无损。

4. 定植 黄瓜定植应选择寒尾暖头的天气进行，定植时应有较高的地温。定植采用宽窄行高垄栽培，宽行 80 厘米，窄行 50 厘米，于宽垄间挑沟呈"V"形。双行定植，在垄面上按株距 30 厘米开穴，穴内浇水，待水渗下后将黄瓜苗定植在穴内。然后覆盖银白色地膜，破膜放苗，并用土封严膜口。

5. 田间管理

(1) **结瓜前管理** 此期历经 40～50 天，管理主攻方向：防萎蔫，促嫁接伤口愈合和发新根。黄瓜定植后3天内不通风散湿，保持地温22～28℃，气温白天28～32℃，夜间20～24℃；空气相对湿度白天85%～90%，夜间90%～95%。3天后若中午前后气温高达38～40℃时，要通风降温至30℃，以后保持温室内白天最高气温不超过32℃，并逐渐推迟关闭通风口和下午盖草帘的时间，夜间气温不高于18℃。缓苗后至结瓜初期，每天8～10小时光照。勤擦拭棚膜除尘，保持棚膜良好透光性能；张挂镀铝反光幕，增加光照。温室内气温白天24～30℃，夜间14～19℃。凌晨短时最低气温10℃。在地膜覆盖减轻土壤水分蒸发条件下，通过适当减少浇水，使土壤相对湿度保持在70%～80%。寒流和阴雪天气到来之前要严闭温室，夜间在盖草帘后，再覆盖整体塑料膜。及时扫除棚膜上积雪，揭膜后适时揭草帘。白天下小雪时，也应适时揭草帘，争取温室内有弱光照。为了保温，一般不放风，但当温室内空气湿度超过85%时，于中午短时放风排湿。连阴雪天骤然转晴后的第一天，一定不要将草帘等不透明覆盖保温物一次全揭开，应"揭花帘，喷温水，防闪秧"，即将草帘隔一床或隔两床多次轮换揭盖。当晴天时黄瓜和苦瓜植株出现萎蔫时，要及时盖草帘遮阳并向植株喷洒 15～20℃的温水，以防止闪秧死棵。

(2) **结瓜期管理** 越冬茬黄瓜结瓜期为 12 月上中旬至翌年 4 月下旬。

① 光照管理。一是适时揭、盖草帘，尽可能延长光照时间。以盖草帘后 4 小时温室内气温不低于 18℃和不高于 20℃为宜。二是勤擦拭棚膜除尘，保持棚膜透光率良好。三是在深冬季节于后墙面张挂镀铝反光幕，增加温室内光照。四是及时吊蔓降蔓，调蔓顺叶，去衰老叶，改善田间透光条件。五是遇阴雨、阴雪天气时，也应尽可能争取揭草帘采光。

② 温度管理。深冬（12月至翌年1月）晴天和多云天气，温室内气温凌晨至揭草帘之前 9～11℃，揭草帘后至正午前 2 小时 16～24℃，中午前后 28～32℃，下午 12～28℃，上半夜 17～20℃，下半夜 12～16℃，凌晨短时最低温度 10℃。深冬连阴雨雪、寒流天气，温室内气温，上午 12～18℃，中午前后 20～22℃，下午 18～20℃，上半夜 15～18℃，下半夜 10～15℃，凌晨短时最低温度 8℃。春季晴天和多云天气，温室内气温白天 18～28℃，中午前后 30～34℃，

下午 24～28 ℃，上半夜 18～22 ℃，下半夜 14～17 ℃，凌晨短时最低温度 11 ℃。

③ 水肥供应。掌握"前轻、中重、三看、五浇五不浇"的水肥供应原则。所谓"前轻、中重"，是指第一次黄瓜采收后浇水，浇水间隔12～15 天，隔一水冲施一次肥，每次每亩冲施尿素和磷酸二氢钾各 5～6 千克或冲施宝 10 千克左右；进入结瓜盛期，8～10 天浇一次水，每次每亩随水冲施高钾高氮复合肥 8～10 千克，并喷施叶面肥，可选用氨基酸液肥，对水 500 倍液，均匀喷洒。还可于晴天 9～11 时追施二氧化碳气肥。所谓"三看、五浇五不浇"，是指通过看天气预报、看土壤墒情、看黄瓜植株长势来确定浇水的具体时间。做到晴天浇水，阴天不浇；晴天上午浇水，下午不浇；浇温水，不浇冷水；地膜下沟里浇暗水，不浇地表明水；小水缓流沟浇，不大水漫浇。

（二）苦瓜栽培实用技术

1. 品种选择 苦瓜选用苗期耐低温、弱光，结果期耐高温、高湿，高抗炭疽病和细菌性角斑病等多种病害的中早熟和早中熟高产优质品种。要求果色油绿，果肉较厚，瓜条顺直，瓜长 25～30 厘米，适于夏秋季装箱贮运。

2. 适时播种   苦瓜同黄瓜同时期 9 月中旬播种。

3. 培育壮苗   营养土配制、种子处理及苗期管理参照黄瓜栽培实用技术。苦瓜苗长到 4~5 片叶时，即可移栽定植，苗期 35 天左右。

4. 定植   在黄瓜植株南北向行间隔 1.5 米开穴，浇水定植苦瓜。

5. 田间管理   苦瓜的结瓜盛期为 5 月上旬至 9 月上旬，长达 4 个月。4 月下旬至 5 月上旬及时将黄瓜拉秧倒茬，随即清洁田园，揭除地膜，深中耕培土。

（1）**整枝架蔓**   将原来吊架黄瓜的顺行铁丝和吊绳都保留，并于吊绳中部再架设一道顺行铁丝，形成一垄双行壁式架。温室苦瓜整枝多采用两种方法：一种是当主蔓长 1 米时摘心，促使侧蔓发生，选留基部粗壮的侧蔓 2~3 条，当侧蔓及各级孙蔓着生雌花后摘心，以增加前期产量；另一种是保留主蔓，将基部 33 厘米以下侧蔓摘除，促使主蔓和上部子蔓结瓜。及时引新蔓，防止越架攀缘，并及时摘去多余的卷须和叶龄 45 天以上的老叶，抹去多余的腋芽，去除已衰败的枝蔓，合理调整新蔓的分布。

（2）**人工授粉和蚂蚁传粉**   于上午 9 时后摘

取当日开放的雄花进行人工授粉，1朵雄花能授3～4朵雌花。蚂蚁是苦瓜的主要传粉媒介，应尽可能保护温室内蚂蚁，以提高坐果率。尽可能采用黄板诱杀等物理措施防治虫害。

（3）肥水供应和环境调控　自5月上旬进入结瓜盛期后，每隔10天左右浇一次水，浇水前每亩埋施生物菌肥20～25千克，或随水冲施高钾复合肥10～12千克。同时要做好光照、温度、空气、湿度调控，在改善光照条件的同时，做到通风降温、排湿。尤其要加大夜间通风量，使伏季温室内白天气温不高于35℃，夜间不高于27℃，昼夜温差不小于8℃。土壤相对湿度80％～85％。

第二讲
日光温室樱桃番茄—韭菜栽培实用技术

一、樱桃番茄、韭菜对环境条件的要求

(一)樱桃番茄

樱桃番茄比一般番茄耐热。种子发芽的适宜温度为 28～30 ℃，最低发芽温度为 12 ℃左右；幼苗期白天适宜温度为 20～25 ℃，夜间适宜温度为 10～15 ℃；开花期对温度反应比较敏感，尤其在开花前 9～5 天、开花当天及开花后 2～3 天时间内要求更为严格。白天适宜温度为 20～30 ℃，夜间适宜温度为 15～20 ℃，温度过低（15 ℃以下）或过高（35 ℃以上），都不利于花器的正常发育及开花；结果期白天适宜温度为 25～28 ℃，夜间适宜温度为 16～20 ℃。

樱桃番茄是喜光作物，因此在栽培中必须保证良好的光照条件才能维持其正常的生长发育。在由营养生长转向生殖生长，即花芽分化

转变过程中基本要求短日照，多数品种在 11～13 小时日照下开花较早，但 16 小时光照条件下生长最好。

樱桃番茄对水分的要求属于半旱的特点。适宜的空气相对湿度为 45%～50%，幼苗期生长较快，为避免徒长和发生病害，应适当控制浇水。第一花序着果前，土壤水分过多易引起植株徒长，根系发育不良，造成落花。第一花序果实膨大生长后，枝叶迅速生长，需要增加水分供应。尤其在盛果期需要大量的水分供给。

樱桃番茄对土壤的要求不太严格，但以土层深厚、肥沃、通气性好、排水方便而又有相当的水分保持力、酸碱度在 pH 5.6～6.7 的沙质壤土或黏质土最好。

（二）韭菜

韭菜属耐寒性蔬菜，对温度的适应范围较广，不耐高温。韭菜的发芽最低温度是 2～3 ℃，发芽最适温度是 15～20 ℃，生长适温是 18～24 ℃。露地条件下，气温超过 24 ℃时，生长缓慢，超过 35 ℃叶片易枯萎腐烂，高温、强光、干旱条件下，叶片纤维素增多，质地粗硬，品质低劣，甚至不堪食用。保护地条件下，高温、高湿、弱光照韭菜叶片的纤维素无明显增加，品质无明显下降。

韭菜为耐阴蔬菜，较耐弱光，属长日照植物。适中的光照度，光照时间长，使叶色浓绿、肥壮、长势强，净光合速率高，贮存营养多，产量高，品质好。

韭菜喜温、怕涝、耐旱，适宜的土壤湿度（80%～95%）和较低的空气湿度（60%～70%）。韭菜的发芽期、出苗期、幼苗期非常怕旱，必须保持土壤潮湿，含水量不低于80%，若缺水，则发芽率低，幼苗极易旱死。若浇水失控，则茎叶增高，幼嫩多汁，极易倒伏、腐烂。

韭菜对土壤类型的适应性较广，在耕层深厚，土壤肥沃，保水、保肥力强的优质土和偏黏质土中，生长最好。韭菜成株耐肥力很强，耐有机肥的能力尤其强。韭菜以吸收氮肥为主，以磷、钾及其他微量元素肥料为辅，韭菜移栽时宜重施基肥，否则，底肥不充足，栽后难以补充，基肥以土杂肥和有机肥为好。施化肥时，氮、磷、钾要配合施用，同时酌情施入锌、铁、硼等微量元素肥料。

樱桃番茄—韭菜种植模式栽培温室可采用高后墙短后坡半地下式日光温室。

二、樱桃番茄—韭菜栽培模式

樱桃番茄：选用红宝石、红珍珠、圣女等耐低温、抗病性强、商品性好的品种。10月上旬育苗，12月下旬定植，翌年2月下旬上市。采用宽窄行，宽行80厘米，窄行50厘米，株距35～40厘米，亩栽2 500～3 000株。

韭菜：选用高产、优质、抗逆性强、冬季不经休眠可连续生长的嘉兴雪韭、河南791、韭宝、平韭2号等优良品种。翌年3月中旬育苗，6～7月移栽，当韭菜长到15～20厘米时便可收割。一般情况下收割3～4茬。每次收割时，应留茬高度适当，头刀距鳞茎4～5厘米处下刀为宜，亩产量5 500千克以上。

三、樱桃番茄—韭菜栽培实用技术

（一）樱桃番茄栽培实用技术

1. 育苗 优质壮苗是丰产的基础。樱桃番茄的壮苗标准是：茎粗壮直立，节间短，有7～9片大叶，叶色深绿、肥厚，叶背微紫，根系发达，株高20～25厘米，茎粗0.6厘米左右，整个植株呈伞形，定植前现小花蕾，无病虫害。

冬春茬栽培，苗期在寒冷的冬季，气温低，

光照弱，日照短，不利于幼苗生长。因此，在育苗过程中，要注意防寒保温，多争取光照，使苗健壮发育。

(1) 播期及苗龄 冬春茬樱桃番茄多在温室内育苗，日历苗龄 70 天左右，如采用地热线加温温床育苗，苗龄可缩短到 50 天左右。播种期由苗龄、定植期和上市期决定。播种期一般安排在上年 10 月上旬。

(2) 播种前的准备工作

① 备种。每亩需种子 40～50 克，提前备好。

② 床土配制。根据自身条件播种床土可采用下述几个配方中一个。园田土 2/3＋腐熟马粪 1/3；园田土 1/3＋过筛细炉渣 1/3＋腐熟马粪 1/3（园田土比较黏重时使用，按体积计算）；草炭 60%＋园田土 30%＋腐熟鸡粪 10%（按体积比）；炭化稻壳 1/3＋园田土 1/3＋腐熟圈粪 1/3（按体积比）。营养土配制好后也可装制营养钵，紧密排列于苗床中，进行护根育苗。

分苗床土的配比为：肥沃园田土 6 份，腐熟有机肥 4 份。床土的用量要求是：播种床厚度为 8～10 厘米，每平方米苗床约需土 100 千克；分苗床土厚度为 10～12 厘米时，每平方米苗床约需土 140 千克。一般栽培 1 亩需用播种床 5 米^2，分苗床 50 米^2。与此同时，必须进行床土消毒，用 40% 甲醛 300～500 倍液喷撒床土，翻一层喷一层，然后用塑料薄膜覆盖，密封 5～7 天，揭开晾 2～3 天气味散尽后，即可使用。

（3）种子消毒与浸种催芽

① 种子消毒。消灭种子内外携带的病原菌，减少发病的传染源。通常采用温烫浸种。其方法是：先将种子在凉水中浸泡 20～30 分钟，捞出后放在 50～55 ℃热水中不断搅拌，随时补充热水，使水温保持 50 ℃左右，浸种 20～30 分钟，待降至室温后，再浸种 4～5 小时，捞出用布包好，催芽。

② 催芽。种子发芽适温为 20～28 ℃。用湿润的毛巾或纱布包好，放到发芽箱、恒温箱或火炕附近，在 25～30 ℃下催芽。在催芽过程中，每天用温清水冲洗种子 1～2 次，当大部分种子露白时，即可播种。

（4）播种 樱桃番茄种子催芽后，晾干种子外面的水分，在播种床中浇足底水。待水渗后，在床上再撒一薄层细床土，将种子均匀地撒在床面上，然后盖过筛的细土 1 厘米左右。

（5）苗期管理

① 温度管理。见表 3-1。

表 3－1　樱桃番茄苗期的温度管理（℃）

生长期	白天气温	夜间气温	地温
播种至齐苗（3～4 天）	28～30	24～25	20
齐苗至移苗前	20～25	15～18	12～20
移苗至缓苗前	25～28	20	20
缓苗至定植前 1 周	20～25	13～15	18～20
定植前 1 周	15～18	8～10	15

②　水分管理。整个育苗期要严格控制浇水，不浇大水，空气湿度不超过 70%。

③　分苗。在 1～2 片真叶时适当间苗，在 2～3 片真叶时分苗。分苗密度为 10 厘米×10 厘米或 8 厘米×10 厘米，也可直接分到营养钵内。分苗时浇透水，以后视土壤墒情再浇水。

④　切方与囤苗。除采用营养钵育苗外，在营养方上育苗的，定植前 5～7 天浇透水，按分苗时的株行距切方块，并围土囤苗。

2. 定植

（1）定植前准备　定植前 15～20 天扣膜，提高地温。每亩施入充分腐熟的有机肥 5 000 千克以上，过磷酸钙 50 千克，磷酸二铵 40 千克，深翻后做成宽窄行，宽行 80 厘米，窄行 50 厘米，地膜覆盖。准备好后于定植前 3～4 天进行温室消毒。其方法是：用硫黄粉、敌敌畏、百菌清和锯末，按（0.5～1）∶1∶0.25∶5的比例混合，点燃熏烟，密闭48小时后，通风24小时即可。

（2）**定植期** 棚内10厘米深土层地温稳定通过8℃以上，即可定植，日光温室冬春茬宜选在12月下旬定植。

（3）**定植方法** 破膜点水定植，垄两边栽植两行，株距35～40厘米。有限生长类型株距25～30厘米，每亩保苗3 000～3 500株。由于搭架栽培，种植密度宁稀勿密。无限生长类型，每亩保苗2 500～3 000株。

3. 定植后管理

（1）**温湿度管理** 定植初期，为促进缓苗，不放风，保持高温环境，白天25～30℃，夜间15～17℃。缓苗后，开始放风调节温、湿度，白天20～25℃，夜间15～17℃，空气相对湿度不超过60%。每次浇水后，应及时放风排湿，防止因湿度过高发生病害。

（2）**水肥管理** 缓苗后，点水定植的要补浇一次小水，然后开始蹲苗。当第一、第二花穗开花坐果后，结束蹲苗，浇一次小水，同时追施人粪尿1 000千克。1周后再浇一次水，以后视土壤、天气和苗情及时浇水，保持土壤见干见湿，并隔 1～2 水追一次尿素，每亩 10～15千克。

(3) **植株调整** 单干整枝，及时去除分杈。用尼龙绳吊蔓，由于采收期长，尼龙绳一定要牢固，不易老化。根据栽培要求，每 8～10 穗果摘心，或随时落秧盘条，使其无限生长。

及时疏除底部老叶，坚持疏花疏果。一般品种（圣女）每穗留果不超过 25 个，也有的品种每穗留果 10～15 个，及时掐去果穗前的小花。

(4) **激素保花** 用 15 毫克/千克的 2，4‑D蘸花或 40 毫克/千克的防落素喷花，是防止花前落花的有效方法。但一定要注意不重复蘸花，且随温度升高逐渐减小浓度，整个生长期均进行激素处理，否则易形成空穗或小果。

4. 采收 樱桃番茄采收费工，一般不需人工催熟，根据需要随时采摘不同熟期的果实。

(二)韭菜栽培实用技术

1. 品种选择 选用冬季不经休眠可连续生长的优良品种。

2. 直播养根 早春土壤化冻以后，一般于 3月中旬至 4 月上旬播种。每亩撒施腐熟有机肥5 000～8 000 千克，深翻，耙细耙平，做 1.2～

1.6 米宽的畦，然后在畦内按 35 厘米行距开沟，沟深 10 厘米，将种子均匀地撒在沟内，覆土（田土加 50% 有机肥）1.5 厘米厚并稍加镇压，随即顺沟灌水。畦面用旧薄膜或地膜覆盖起来，以保持水分和提高地温，有利于出苗。

出苗后撤掉薄膜，保持土壤见干见湿，发现杂草及时拔除。每次灌水或降雨后，待表土稍干时，中耕松土，到伏雨季节要注意排水防涝。直播养根的韭菜，若发现幼苗密度大，可以及早结合灌透水间苗。

3. 移栽定植　移栽应在 6～7 月进行完毕，这样有利于早缓苗、早壮根。整地施足有机肥，每亩施 5 000 千克有机肥作为底肥，按行距 30～35 厘米开穴。株距根据不同的密度要求来确定，一般露地生产亩栽苗 10 万株，保护地生产密度可增至每亩 20 万～30 万株，以高密度来获高产。栽完苗灌大水，过几天表土见干时，应及时中耕 2～3 次，蹲苗保墒。雨多时要注意防涝排水。及时清除田间杂草。

秋冬连续生产韭菜养根技术措施与休眠后扣棚盖韭生产的最大区别是：粪大水勤，促其迅速生长，多积累养分，培养粗壮的根株。夏秋之际不收割。立秋前适当控制水肥控制长势，防止倒伏腐烂，立秋后天气变凉，要加强肥水管理，促进韭菜快速生长，一般追肥 2～3 次，5～7 天浇一水，结合浇水每亩追施磷酸二铵 50 千克或饼肥 200 千克。扣温室前达到收割标准即可收割出售，一般扣膜前 7 天左右收割，但是要尽量浅割，割后还要及时追肥，叶片萌发转绿时再浇水，并及时松土培垄。

4. 适期扣膜　秋冬连续生产韭菜，适期扣棚非常重要。过早扣膜，生长迅速，产量高，易早衰，经济效益低，扣得晚会使韭菜转入被动休眠，导致扣棚后生长缓慢。扣棚的适期是在当地初霜后最低气温降至 -5 ℃以前，一般以 10 月中下旬至 11 月上旬。

5. 扣膜后的管理及收获　秋冬连续生产韭菜扣膜时，当时气温较高，初扣上膜时一定不要扣严，应揭开棚室底脚围裙昼夜放风，避免徒长。随着外温下降，逐渐缩小放风口和缩短放风时间，直至扣严固定好膜。白天控制适温为 18～28 ℃，夜间 8～12 ℃。天气逐渐变冷，夜间要加盖纸被草苫。当韭菜长到 15～20 厘米时便可收割，收割后刨松垄沟，耙平地面，提高室温，叶片变绿后放风降温，保持适温，促进生长，株高 1 厘米左右再亩追施硫酸铵 40～

50 千克，培垄灌水。收割前培一次垄浇一水。因室内经常浇水，湿度较大，应注意防治灰霉病，可在每次浇水后用速克灵烟剂熏棚预防。发病初期用药剂防治。

秋冬连续生产韭菜，收割期为 10～12 月，收完刨除韭根进行果菜类生产。每次收割时，应留茬高度适当，因为假茎留得高，有利于下一茬的生长。一般掌握头刀距鳞茎 4～5 厘米处下刀，以后每刀抬高 1 厘米。留茬过低，影响下茬的长势和产量；留茬过高，降低当茬的产量。最后一次收割，因割完刨除韭根，可尽量深割。

第三讲
日光温室越冬茬辣椒栽培实用技术

一、辣椒对环境条件的要求

辣椒在 15～34 ℃的温度范围内都能生长，最适宜温度是白天 23～28 ℃，夜间 18～23 ℃。白天 27 ℃左右对同化作用最为有利。种子发芽适温为 25～30 ℃。苗期要求较高的温度，白天 25～30 ℃，夜间 15～18 ℃最为有利，幼苗不耐低温；开花结果初期适温是 20～25 ℃，夜间 15～20 ℃，低于 10 ℃不能开花。辣椒怕热，气温超过 35 ℃容易落花落果，如果湿度过大，又会造成茎叶徒长。温度降到 0 ℃时就要受冻。根系生长的适温是 23～28 ℃。

辣椒对光照的要求因生育期不同而异：种子发芽要求黑暗避光；育苗期要求较强的光照；生育期要求中等光照度，比番茄、茄子都要低。

辣椒对水分要求严格，既不耐旱也不耐涝，喜欢较干爽的空气条件。单株需水量并不多，但由于根系不太发达且吸水能力较弱，因而其耐旱性不如茄子、番茄。特别是大果型品种，对水分的要求更为严格。辣椒水淹数小时后植株就会出现萎蔫，严重时死亡。土壤相对含水量80%左右，空气相对湿度70%～80%时，对辣椒的生长有利。所以，栽培辣椒时，土地要平整，浇水和排水都要方便，通风排湿条件一定要好。

越冬茬辣椒生产上采用冬暖半地下式厚土墙日光温室。

二、越冬茬辣椒栽培模式

越冬茬辣椒选用耐长期栽培、耐低温和产量高的品种。8月上旬育苗，9月上旬定植，12月中旬至翌年6月中下旬收获上市。大行距80厘米，小行距50厘米，穴距45厘米，每亩栽苗2 000～2 200株。每株可结果5～10千克，亩产达10 000千克左右。

另外，利用6月下旬至8月上旬的温室空闲季节，可加种一茬抗热夏白菜或夏丝瓜等。

三、越冬茬辣椒栽培实用技术

1. 品种选择 越冬茬辣椒选用耐低温、耐弱光、产量高、耐贮运、商品性好、抗病力强的品种。如迅驰（37-74）、日本长川等高产优质辣椒品种。

2. 育苗

（1）营养土及苗床育苗

① 营养土及苗床准备。营养土配制按 4 份充分腐熟有机肥料加 6 份无病园土，敌百虫 80 克，多菌灵 100 克。达到苗床土要求的传染性病原菌、害虫含量少，富含腐殖质及可供给态的矿质元素，中性或微酸性，有高度持水性和良好透气性，干燥时土壤不板结。然后用旧塑料膜盖严，堆放 3～5 天后，揭开待气味散尽后过筛装营养钵，整齐紧密地排列于苗床内。

② 浸种催芽。浸种时先将种子用 100 克/千克磷酸三钠溶液消毒 20 分钟，再用清水淘洗干净后，将种子倒入 55 ℃热水中搅动，待水温降至 30 ℃时浸泡 8～12 小时，浸种结束后，将种子淘洗干净，用湿布包好，放于 25～30 ℃的环境中催芽，每天淘洗 1 次，经 4～5 天即可发芽。

③ 播种。越冬茬辣椒在 8 月上旬播种。由于此时正处于高温多雨季节，因此育苗地需遮阳防雨。播种前苗床浇足底水，待水下渗后将已催芽种子均匀撒播于营养钵内，上覆厚 1.0～1.5 厘米的营养土，并覆盖地膜保墒。幼苗出土

后，及时揭掉地膜，以免烫伤辣椒苗。

④ 苗期管理。

a. 温度管理。播种后土温保持在 28～30 ℃。当幼苗拱土时降到 27～28 ℃，夜间土壤最低温度保持在 18～20 ℃，以促进出苗。幼苗出土后白天的最高气温应维持在 25～28 ℃，以增加子叶的叶面积；夜间可由 20 ℃ 逐步下降到 15～17 ℃（即缓降 3～5 ℃）。土壤温度仍要保持在 20 ℃ 左右。苗床中午前后阳光强时用遮阳网覆盖降温，雨前要用塑料薄膜覆盖防雨。

b. 湿度管理。辣椒苗不耐旱也不耐涝，湿度过大则苗生长旺盛，育苗期缩短；土壤干旱，则苗生长慢，叶柄中央弯曲下垂；长期多水则下部叶易黄化脱落。一般维持 1～2 片心叶淡绿色为宜。低温期一般中午补小水，高温期多在早晚浇水（用喷壶洒水）。

c. 其他管理。一是增强光照，适当间苗，洁膜，多揭帘；二是多通风降湿防病；三是"戴帽"苗傍晚喷水或人工脱帽；四是高温期注意防治蚜虫等害虫。

d. 炼苗。定植前 1 周控水、降温，增强秧苗抗逆性。

e. 壮苗标准。一般苗龄 45～50 天，苗茎高

18~25 厘米，有完好子叶和真叶 9~14 片，平均节间长 1.5 厘米，叶色浓绿、大且厚、阔椭圆形，现小花蕾，根系洁白等。

(2) 集约化穴盘育苗

① 设施消毒。

a. 温室消毒。苗温室用 1.65 千克甲醛加入 8.4 千克开水中，再加入 1.65 千克高锰酸钾，产生烟雾反应。封闭 48 小时消毒，待气味散尽后即可使用。

b. 穴盘消毒。用 40％甲醛 100 倍液浸泡苗盘 15~20 分钟，然后覆盖塑料薄膜，密闭 7 天后揭开，清水冲洗干净。或用 0.1％的高锰酸钾溶液浸泡苗盘 10 分钟。

② 基质配制与装盘。选用优质草炭、蛭石、珍珠岩为基质材料，三者按体积比 3:1:1（或 7:2:1）配制，然后每立方米加入 1 千克复合肥、0.2 千克多菌灵，加水使基质的含水量达 50％~60％。穴盘使用 540 毫米×280 毫米×60 毫米（长×宽×高）105 孔穴盘。将备好的基质装入穴盘中，稍加镇压，抹平即可。催芽播种同营养土育苗。

3. 定植

(1) 整地施肥 前茬作物最好在 6 月底至 7

月上旬收完，清除残枝落叶，深翻，使土壤充分暴晒熟化，每隔 15～20 天翻一次，定植前 10天每亩施充分腐熟的农家肥 10 000 千克、磷酸二铵 30 千克、过磷酸钙 100 千克、硫酸钾复合肥 20 千克，深翻细耙。

（2）**起垄铺膜** 南北向起垄，大小行定植，垄宽 80 厘米，沟宽 50 厘米，垄中央开深、宽各15 厘米的浇水沟，垄高 15 厘米。做好垄后，用5% 菌毒清 100～150 倍液喷温室内各表面一遍。盖好膜，密闭温室烤棚，达到升高地温、杀菌灭虫、熟化土壤的作用。

（3）**定植** 一般每亩保苗 2 000～2 200 株，定植应选晴天下午进行，可避免定植后失水萎蔫。每垄双行定植，用 10 厘米×10 厘米的移苗器按 45 厘米株距打穴，浇水，待穴内水下渗一半后，将带土坨苗放入穴内，保持坨面与垄面相平，每穴施药土 50 克（50% 多菌灵 1.5 千克拌细土 600 千克），然后用土封严。

4. 田间管理

（1）**温度及通风管理** 定植后随着外界气温的降低，管理上注意防寒保温，白天温度控制在 25～28 ℃，夜间 18～20 ℃。白天温度超过30 ℃要及时通风换气，夜间温度要保持在 14 ℃

以上。进入冬季，尤其在12月至翌年1月正处于辣椒开花结果期，若温度过低易引起落花落果，即使植株结果，也由于温度太低，发育速度较慢，这段时间是日光温室越冬茬辣椒生产的关键时期，一定要注意保温。冬季阴天适当晚揭、早盖、少通风。下雪时及时清扫积雪，中午适当揭帘见光。也可草帘外盖一层塑料膜，提高保温能力，防雨雪打湿草帘。久阴、雪天后突然放晴，要揭花苫，遮花阴，回苫喷水，不通风，或喷药加叶面肥。开春随气温升高，应加大通风量和放底风，夜间逐渐减少草帘，当外界最低气温稳定在15 ℃时揭开前底脚昼夜通风。

(2) **光照管理** 应早揭帘、晚盖帘，尽量延长光照时间；阴雪天揭帘争取散射光照；及时清洁膜面，增加透光率。

(3) **水肥管理** 定植3天后浇透缓苗水，以后只浇暗灌沟，门椒坐果前一般不需浇水，当门椒长到3厘米左右时结合浇水进行第一次追肥，每亩施尿素10千克，磷酸二铵20千克，或腐熟沼液2 000千克，中期要适当增施鸡粪等有机肥，减少化肥使用量，提高产品的质量。鸡粪应充分腐熟并在施前1周进入发酵池，灌水时随水冲施。灌水应遵循浅灌、勤灌、早上灌的原则，并随温度变化来确定灌水间隔期。浇水应在晴天上午进行，低温期膜下暗灌，浇水量少，浇水后及时通风降湿；高温期可明水暗水结合进行。辣椒不宜大水漫灌，一般要求小水勤浇，维持土壤湿润，即浇水要见干见湿，切忌大水漫灌造成湿度过大或怕发病而不灌造成落花、形成僵果。

（4）植株调整

① 牵绳。首先在垄两侧植株的上方拉两道南北向的铁丝。再用粗而韧的吊绳，上头绑于铁丝，下头绑于主枝上。

② 整枝。双杈整枝法：主茎上第一次分杈下的侧枝要全部去掉，2 个一级分枝分出的 4 个二级分枝全部保留，以后再发出的侧枝只选留一条粗壮的作为结果枝，其余侧枝全部剪除。结果中后期，及时去除下部老病叶、无效枝、徒长枝，改善通风透光条件。

③ 合理使用生长调节剂。一是用 2.5% 的坐果灵 1 毫升加清水 1.25 千克，也可用 1% 防落素水剂，兑水 330～500 倍液，在下午闭棚之前用手持小雾器，将稀释好的药液对花和幼果一起喷洒，5～7 天喷一次，保花保果、提高坐果

率（注意不要喷到植株生长点）。二是在整个结果期应注重叶面肥和其他微肥的施用，以提高产量，改进品质。

5. 采收 一般门椒适当早摘，以防坠秧。其他层次上的果实宜在商品成熟后尽快采收，以促进营养向其他果实运输。中后期出现的僵果、畸形果、红果要及时采收。采收时防止折断枝条，以保持较高的群体丰产特性。

第四讲

日光温室冬春茄子—夏白菜—秋黄瓜栽培技术

一、茄子对环境条件的要求

茄子是喜温蔬菜，比较耐热而不耐寒，适宜生长的温度为 20～30 ℃，结果期要求 25～30 ℃，低于 17 ℃或超过 35 ℃生育迟缓，授粉不良；低于 10 ℃生长停滞，代谢失调；5 ℃以下即受冻。

茄子对日照长短反应不敏感，只要在温度适宜的条件下，不论春夏或秋冬季都能开花结果。但茄子对光照度要求较高，如果光照不足，植株生长就不良，光合作用减弱，产量下降，而且色素不易形成。

茄子虽然根系发达，但由于分枝多、叶面积大、蒸腾作用强、需水量大、不耐旱，尤其在开花结果期不能缺水，应保持土壤相对湿度在 80%左右。茄子喜欢水但又怕涝，如果地下水位高，排水不良容易烂根；雨水多，空气湿度大，授粉困难，落花落果严重，所以春、夏、秋季要注意排水。

茄子对土壤要求不严，但以富含有机质、疏松、排水良好的壤土为好，pH 6.8～7.3 为宜。茄子比较耐肥，又以嫩果为产品，对氮肥要求较高，钾肥次之，磷肥较少。此外茄子容易出现缺镁症，缺镁时会妨碍叶绿素的形成，叶脉周围变黄，所以应补充镁肥。将有机肥、化肥搭配施用，以满足植株生长对各种营养元素的需要。

二、茄子—夏白菜—秋黄瓜栽培模式

茄子：10 月初播种育苗，12 月定植，翌年 2 月中旬上市，6 月底收获结束，亩产 4 000 千克左右。

夏白菜：6 月底至 7 月初播种，8 月中旬采收上市，8 月底收获完毕，亩产 2 500 千克。

秋黄瓜：7 月下旬至 8 月初育苗，8 月底移栽定植，10 月中旬采收上市，元旦之前收获结束，亩产 3 500 千克左右。

此种植模式蔬菜上市时间正值淡季、中秋、元旦节日，因此市场价格较高，能取得较好的收益。

三、茄子—夏白菜—秋黄瓜栽培实用技术

(一) 冬春茄子栽培技术

1. 品种选择 选用早熟、耐寒性强，结果期既耐低温又耐高温、高湿，高产和抗病能力较强的品种。果形和果色应与当地或消费地习惯一致。圆茄品种有天津快圆、北京六叶茄、北京七叶茄、豫茄 2 号等。卵圆形茄子品种有鲁茄 1 号、西安早茄、荷兰瑞马、辽茄 2 号、紫奇等。长茄品种有黑亮早茄 1 号、湘茄 3 号、紫红茄 1 号、新茄 4 号等。

2. 育苗 实行营养钵育苗，在 9 月下旬至 10 月上旬开始育苗，培育出植株高 20 厘米左右，真叶 6～8 片，门茄现蕾，根系发达的壮苗。12 月中旬定植，翌年 2 月上中旬开始采收。

(1) 种子处理 先晒种 3～4 天，后用药剂 1% 高锰酸钾浸种 10～20 分钟，再用温汤 50～55 ℃温水浸 15～20 分钟，水温降至 25～30 ℃，浸泡 6～8 小时，捞出洗净在 28～30 ℃下进行变温催芽，20 ℃经 16 小时，30 ℃经 8 小时，3～4 天，种子破口稍露白尖时即可播种。

(2) 播种 播种前苗床灌水不宜过大，以

浸透 10～12 厘米土层为易，每钵点播 1 粒种子，最后覆土 0.4～0.8 厘米厚，随即扎小拱棚保护，每亩用种量为 20～25 克，温度白天维持在 25～30 ℃，夜间 17～20 ℃。

（3）**苗期管理**　在苗 4 片真叶前一般不需要灌水和追肥，4 片真叶后，要适当洒水。从出苗后至定植前 7 天，温度白天 22～28 ℃，夜间 16～20 ℃，在定植前 7 天内，要适当降低温度，白天 20～25 ℃，夜间 15～18 ℃。

3. 定植　定植前 5～6 天对苗床喷洒防病，可用 75% 百菌清 600 倍液，防虫药 1.8% 阿维菌素乳油 2 500～3 000 倍液。

（1）**定植准备**　棚内要清理干净，每亩施充分腐熟的基肥 10 米^3 左右，过磷酸钙 40～50 千克。定植前 5～10 天，高温闷棚 3～4 天。

（2）**定植密度**　按大行距 80 厘米，小行距 50 厘米，株距 30～35 厘米，每亩定植 3 000～3 500 株，定植时浇底水，覆盖地膜。

（3）**定植方法**　选择晴天上午进行。按一定的株距先在覆膜的垄上打穴，在穴内浇温水，而后坐水栽入苗坨。覆土后土坨在地面下 1 厘米左右为宜，浅了不好，深了也不利于发根。为了创造更有利于茄子早长、早发的条件，定植后要扣小拱棚。

4. 定植后管理

（1）**定植后至始花坐果期的管理** 重点是防寒保温，缓苗期一般不浇水，温度白天 30～32 ℃，夜间 15～20 ℃，定植后要结合培土加强中耕。从门茄花开放至门茄果商品成熟需 23～27 天，这一时期温度维持在白天 21～23 ℃，夜间 15～20 ℃，促进茎枝、叶片生长壮旺而不徒长，蕾花发达。在门茄坐住前，一般不浇水，门茄坐住后，果实有核桃大时应浇一次水，并结合浇水亩施尿素 20～30 千克。茄子开花后用 2,4 - D 激素处理花，提高坐果率，2,4 - D 兑水 1.5～2.0 千克，加入少量广告色做标记。门茄坐住后要及时整枝打杈。

（2）**结果期的管理** 外界气温逐渐升高，茄子进入盛果期，此时要加强通风，防止高温、高湿伤害，水肥管理也同时要加强。进入盛果期一般 7～10 天浇一水，同时冲施化肥，每亩用磷酸二铵 20～25 千克，或硝酸铵 20 千克加过磷酸钙 30 千克。当地日平均气温稳定在 15 ℃后，温室可昼夜通风时，可结合浇水冲入一次粪稀，每亩用 1 500 千克，同时开始喷用天然芸薹素等，对防止植株早衰、延长结果大有好处。冬春茄子栽培密度大，应进行整枝打杈，整枝可以提早上市，大幅度地增加前期产量。双干整枝植株养分集中，果实发育好，商品率高，即使在大肥大水管理之下也不会出现茎叶疯长的现象，是目前日光温室栽培的主要整枝方法。其方法是：门茄出现后，主茎和侧枝都留下结果。对茄出现后，在其上各选一个位置适宜、生长健壮的枝条继续结果，其余侧枝和萌蘖随时掰掉。以后都是这样做，即一层只结2个果，如此形成1、2、2、2、2……的结果格局。一般1株可结9、11或13个果。在最后一个果的上面留2~3个叶摘心。

5. 适时采收　门茄应早收，萼片与果实相连处的白色或淡绿色环带不明显或近在消失，为采收适期。

（二）夏白菜栽培实用技术

夏白菜于夏、秋之间上市，此时正值蔬菜供应淡季，效益颇高。因为夏白菜发芽期、幼苗期处于炎热的夏季，此期高温多雨，日照长，病虫害发生严重，所以在种植夏白菜时，一定要选准品种，采取适当的管理措施，才能取得较好的效益。

1. 品种选择　要选择生长期短、结球紧实、品质良好、抗热、抗病的品种。6月上旬到7月上旬之间播种的可选用豫园50、夏优1号、夏优王等品种。

2. 整地施肥 夏白菜生长旺盛，对水肥需求量大但不耐涝，生产上应采取重施基肥、高垄种植的栽培方式。一般每亩施腐熟有机肥3 000～4 000千克、磷酸二铵40～50千克。施肥后精细整地，做成高垄，垄高15～20厘米、垄距50厘米。

3. 播种 大白菜播种分条播和穴播两种，条播每亩用种量为150～200克，穴播用种量为100～150克。播种密度要求行距50厘米、株距43～45厘米，每亩栽3 000株左右。同时，要在温室前屋面的中下部通风处围上防虫网。播种时，土壤墒情差的一定要先浇足底墒水再播种。

4. 田间管理 夏白菜生育期短，生产上宜采用一促到底的管理方式。幼苗期要及时间苗、定苗、补苗，及时浇水、松土，天气干旱无雨的情况下每隔2～3天浇一次小水，遇雨天田间有积水时要及时排出，防止秧苗受渍感病。莲座期以促为主，促控结合，在白菜不旺长的情况下加强肥水管理。结球期以追肥为主，结合浇水追施人粪尿或磷酸二铵2～3次。一般每亩

施人粪尿 2 000～3 000 千克或磷酸二铵 20～30
千克。

5. 及时采收上市　夏季大白菜长至七八成
时即可采收，具体采收时间还可根据市场情况
和下茬瓜菜种植时间而定，争取在大白菜价格
较高时采收上市，以便取得较大的经济效益。

（三）秋黄瓜栽培技术

秋延迟栽培的黄瓜，生长前期高温多雨，
后期低温寒冷，因此，应选择苗期较耐热、生
长势强、抗病、高产的黄瓜品种，如津研 4 号、
秋棚 1 号、鲁秋 1 号和津杂 2 号等。一般于 7 月
下旬至 8 月上旬播种，育苗应在覆盖遮阳网或草
帘的棚内进行，以免高温强光和暴晒对出苗造
成影响。播后 3～4 片真叶时移植，注意抑制幼
苗徒长。黄瓜喜欢有机肥，要大量使用腐熟的
鸡粪和牛粪，每亩 4 000～5 000 千克，与 400～
480 千克生物有机肥和 30 千克硫酸钾复合肥混
合作为基肥。定植以行距 50～60 厘米、株距 30
厘米为宜。出苗后要保持畦面见干见湿；若畦
面偏干，应在早晨和傍晚浇水。

秋黄瓜生育前期处于高温强光季节，应勤
浇水，昼夜放风，保持室内适宜温度。结瓜前
期，仅保留棚体顶部覆盖塑料薄膜，而将温室

前沿的塑料薄膜揭开，这样不仅可减轻直射光的强度，而且还能起到降温防雨的作用。除雨天外，平时要加强通风，使棚内温度白天保持25～28 ℃，夜间 13～17 ℃，昼夜温差在 10 ℃以上。夜间要留通风口散湿；结果盛期，进入 10 月中旬后，外界气温逐渐降低，应充分利用晴朗天气，使棚内白天温度提高到 26～30 ℃，夜间 13～15 ℃。此期如果白天温度适宜，要加强通风；当最低温度低于 13 ℃时，夜间要关闭通风口。

秋延迟黄瓜生育期相对比较短，所以水肥要足。在黄瓜开花结瓜时冲施腐殖酸冲施肥，每亩用 20～40 千克，以后每摘一次黄瓜，结合浇水追一次肥，不浇空水。结合追肥，喷施叶面肥，10～15 天一次，连喷 3～4 次。为增加雌花数量，可采用生长激素乙烯利处理，注意浓度不宜太高，否则易出现花打顶并发生药害。温度低时，黄瓜生长缓慢，对肥水的要求相对减少，为降低棚内湿度，严格控制浇水，一般10～15 天浇一次。不旱不浇，同时可用 0.2%尿素或 0.1%～0.2%磷酸二氢钾溶液叶面喷施。

第五讲
大棚早春西瓜—秋延辣椒 （芹菜） 栽培实用技术

一、西瓜、芹菜对环境条件的要求

（一）西瓜

西瓜属喜温耐热作物，对温度的要求较高且比较严格。对低温反应敏感，遇霜即死。种子发芽最适温为 25～30 ℃，在 15～35 ℃ 的范围内，随着温度的升高，发芽时间缩短。生长发育的适宜温度为 18～32 ℃，在这一温度范围内，随着温度的升高，生长发育速度加快，茎叶生长迅速，生育期提前。西瓜生育的下限温度为 10 ℃，若温度在 5 ℃ 以下的时间较长，植株就会受到冷害。若温度再升高，植株就会受到高温伤害；西瓜开花坐果期的温度低限为 18 ℃，若气温低于 18 ℃ 则很难坐瓜，即使坐住往往果实畸形，果皮变厚，成熟期延长，糖分含量明显下降。开花结果期的适宜温度为 25～35 ℃。西瓜喜好较大的昼夜温差，在适温范围内，昼夜温差大，有利于植株各器官的生长发育和果实中糖分的积累。

西瓜根系生育的适宜温度为 28～32 ℃。在西瓜早熟栽培时，因早春温度较低，所以多采用温床育苗；在移苗定植时，采用地膜、小拱棚、草苫、大棚等多层覆盖，并选晴暖天气进行，以满足根系生育对温度条件的要求。

西瓜是喜光作物，需要充足的光照。在较强的光照条件下，植株生长稳健，茎粗、节短、叶片厚实、叶色深绿。而在弱光条件下，植株易出现徒长现象，茎细弱、节间长、叶大而薄、叶色淡。特别是开花结果期，若光照不足会使植株坐果困难，易造成"化瓜"，而且所结的果实因光合产物少，含糖量降低，品质下降。在西瓜早熟栽培育苗过程中，加强通风、透光、晒苗是培育壮苗的措施之一。

（二）芹菜

芹菜属耐寒性蔬菜，要求较冷凉湿润的环境条件，在高温干旱条件下生长不良。芹菜种子发芽的最适温度是 15～20 ℃，生长的最佳温度组合是白天 23 ℃、夜间 18 ℃、地温 23 ℃；芹菜根系浅、吸收能力弱，不耐干旱，对水分和养分的要求比较严格；芹菜吸收肥的能力较弱,对土壤肥料浓度要求较高,对肥料的需求以氮为主,也需要吸收少量的钾、磷肥。

二、早春西瓜—秋延辣椒（芹菜）栽培模式

西瓜：选用抗性强、耐低温、耐弱光的早熟京欣系列等品种。上年 12 月中下旬育苗,出苗后子叶瓣平展露出一心时进行嫁接,2 月中下旬定植,5 月上旬上市。平均行距 3 米,株距约 35 厘米,亩栽苗 600～650 株,亩产量 6 000 千克。

辣椒：选用耐高温、抗旱、结果能力强、抗病、丰产性好的优良品种。6 月下旬育苗,7 月下旬定植,10 月上旬上市。大行距 80 厘米,小行距 50 厘米,穴距 45 厘米,每亩栽苗 2 000 余株。亩产量 4 000 千克。

芹菜：6 月中下旬露地遮阳育苗,8 月下旬定植,10 月下旬上市。亩产量 7 000 千克。

三、早春西瓜—秋延辣椒（芹菜）栽培实用技术

（一）西瓜栽培技术

1. 品种选择　选用具有低温生长性与结果

性好，较耐阴湿环境，适宜嫁接栽培并具有优质、抗病、丰产等特点的早熟或中早熟品种。目前较适宜的品种有极品京欣、双星欣霸、双星等。砧木品种选用葫芦或瓠瓜。

2. 育苗

（1）播种时间 具体时间依各地气象条件和栽培设施而定。河南地区多采用"三膜一苫""四膜一苫"的覆盖保温方式。"三膜一苫"即大拱棚里套小拱棚，拱棚内覆地膜，小拱棚外面覆盖草苫；"四膜一苫"即在"三膜一苫"的基础上于大拱棚内加盖二层膜。12月下旬播种，翌年2月中下旬定植，4月底上市，比露地早45天上市。

（2）浸种催芽

① 种子消毒。用10％的磷酸三钠溶液浸种20分钟，或用1％高锰酸钾溶液浸种15分钟，以预防苗期病毒病。种子消毒后，用清水冲洗干净再浸种。

② 浸种（砧木浸种之前先磕开种嘴）。用55℃温水边泡边搅，使种子受热均匀，持续15分钟，降温到30℃再浸泡8～10小时，并反复搓洗去掉种子上的黏液。

③ 催芽。将种子捞出，摊开稍晾片刻，使表面水分散发，然后用干净的湿布包裹，放在

25～30℃条件下催芽。催芽中每天搓洗种子2～3次。若种子发芽不整齐，每天应该把先出芽的种子抽出，用湿布包住，置于冷凉处，待种子基本出齐后集中进行一次性播种。

（3）**配制营养土**　营养土的配制应选用未种过瓜类作物的田园土6～7份、农家肥4～3份，每立方米营养土加充分腐熟的大粪干或鸡粪25千克、过磷酸钙1.5千克和50%多菌灵粉0.5千克或代森锰锌0.25千克，混匀打碎过筛装入营养体。

（4）**播种**　把装好的营养钵整齐地排列在苗床内，浇足底水，待水渗下后把催过芽的种子点播于营养钵内，覆土1.5厘米，播后加盖薄膜保温保湿。当有70%幼苗开始出土时，及进揭去，以防徒长。嫁接采用插接时，砧木比西瓜种子要早播5天左右，采用靠接时要求砧木比西瓜晚播3～5天。

（5）**苗期管理**　在足墒的情况下，出苗快慢其决定因素是温度。播种后白天保持30℃，夜间25℃，一般6～9天即可齐苗。齐苗后即刻降低温度，白天21～23℃，夜间13～15℃，防止苗旺长，形成"高脚苗"。当第一片真叶出现后，白天温度可提高到25℃左右，夜间不低于15℃。

育苗期间要通过揭盖草苫，擦抹薄膜尽量多争取光照。水分也不能缺，因营养钵体积小，易干，要经常注意补水。

西瓜枯萎病属土传性毁灭性病害，尤其在连作的情况下更易发生。所以在生产上常采用西瓜嫁接法来减轻枯萎病的发生。西瓜嫁接方法很多，一般以顶插接、劈接、靠接3种方法较简单易行，嫁接成本低，成活率高。以顶插接为例简单介绍其具体做法。顶插接法要求砧木要比接穗早播几天。一般可在砧木出苗后立即播种西瓜。适宜的嫁接期为：砧木第一片真叶出现刚展平、接穗子叶展开。嫁接前一天砧木、接穗都淋透水，同时叶面喷洒杀菌剂，预防病害发生。嫁接过程选择晴天，在散射光或遮光条件下进行。嫁接时，先用刀片把砧木的真叶及生长点轻轻切除，再用竹签从切口处斜插入砧木胚轴，深1厘米左右；然后取接穗并把子叶下面的胚轴削成长约1厘米的楔形面，插入砧木孔内，并与砧木孔口刚好贴合。嫁接过后的苗子要整齐排列在苗床内，覆盖好地膜。

嫁接后苗管理：从嫁接到成活一般需要10天左右，在此期间要做好保温、保湿和遮阳等工作。刚嫁接后前3天，注意遮光、保温、保湿，保持温度白天 26～28 ℃，夜间 24～25 ℃，空气相对湿度90％以上。3 天后，逐渐通风降温排湿见光。嫁接苗成活后按一般苗床管理。定植前 1 周降至 13～15 ℃。此过程中要随时切除砧木不定芽，保证接穗正常生长。操作时要注意不要损伤子叶和松动接穗。

西瓜的苗期病害主要是猝倒病，有时也发生炭疽病和枯萎病。对苗期病害应采取综合防治措施，以防为主。采用种子消毒，营养土消毒，有机肥充分腐熟，苗床内保持适宜的温、湿度，药剂防治等综合措施。药剂采用百菌清、甲基硫菌灵、杀毒矾等。

3. 定植

（1）定植前的准备

① 提前扣棚。在定植前 10～15 天扣好大棚棚膜，使棚内土壤温度提升到 15 ℃以上。

② 整地。结合深翻每亩施入腐熟有机肥5 000千克，硫酸钾 50 千克，磷酸二铵 50 千克。将肥料与土充分混匀后深翻 30 厘米，并灌足水。

③ 做垄。按 3 米的行距起高垄，垄间沟内种植一行西瓜，两侧垄面作为西瓜伸蔓所用，整个畦面覆盖地膜。

（2）定植 定植苗龄 35～40 天，当地温连续 3～5 天超过 13℃时开始定植，一般在雨水前后，选择晴天或冷尾暖头天气定植。定植株距 35 厘米，行距 3 米，亩定植 600～650 棵。定植时在地膜上打孔栽苗，膜口用土封严压实。

4. 定植后管理

（1）**从定植到缓苗生长**（缓苗期）　为促进花粉分化和雌花比例增大，光照每日要在 8～9 小时；温度白天保持 25～35℃，夜间 18～20℃；空气相对湿度 50%～60%。缓苗期不浇水，少通风，只在中午气温超过 35℃时进行短时间通风降温。

（2）**从缓苗生长到开花前**（开花期）　根据棚内温、湿度，适当通风，调温调湿。气温白天 24～32℃，夜间不低于 15℃；空气相对湿度白天 50%～60%，夜间 80%左右。以地膜保墒为主，土壤持水量 55%～75%为宜，尽量不浇水。为提高西瓜品质，在团棵期追肥时，一般亩穴施豆饼 35～50 千克，尿素 10 千克。

（3）**从开花到瓜果膨大盛期**　期间应增强光照，根据天气季节变化可撤去小拱棚，棚内温度上午 20～35℃，夜间 20～15℃。空气相对湿度白天 50%～60%，夜间不超过 80%。期间结合浇水可追两次肥，第一次在坐住瓜后，幼瓜鸡蛋大小时，每亩追尿素、硫酸钾各30千克。第二次在第一茬瓜坐住后15～22天，叶面喷洒速效化肥、微肥、高效氨基酸复合肥，6～7天喷一次，连续喷2次。在第一茬瓜定个后开始留第二茬瓜。第一茬瓜采收后，再追一次肥，以提高二茬瓜的产量。此期间要人工授粉，一般在上午7～9时进行，具体操作方法是先摘取刚开放的雄花，去掉花瓣，露出雄蕊，手持雄花往雌花的柱头上轻轻涂抹，使整个柱头粘上花粉，一朵雄花授3～4朵雌花。

（4）**调整植株**　一般采用三蔓整枝法。方法为除保留主蔓外，在主蔓的3～5片叶腋处选留2条生长健壮的侧蔓，其余侧枝全部去掉。当两侧蔓伸长到20节时，将两侧蔓分别打顶，保留由上往下数第三节或第四节的叶芽，其余抹去。保留主蔓第二朵雌花坐果，一般在15节左右。坐果后留5～7片叶打顶。

5. 采收　判断西瓜成熟的方法有计时定熟法，在人工授粉的当日定一标记，参照不同品种的瓜龄期长短，确定是否成熟。西瓜的采收期比较严格。适时采收的西瓜，味甜、汁多、颜色艳、风味好，单瓜质量大，耐贮运。

采收西瓜的时间以上午或傍晚最好，因为

西瓜夜间冷凉后散发了大部分田间热，采收后不至于因体温过高和呼吸作用加强，而引起质量下降和不利于贮运。采收西瓜的方法是用力从瓜梗与瓜蔓的连接处割下，不要从梗基部撕下。

（二）辣椒栽培技术

1. 品种选择　辣椒秋延后栽培品种要求，必须是能耐高温、抗耐病毒病、生长势强、结果集中、果大肉厚、耐寒的品种。

2. 播种育苗

（1）准备育苗　育苗在高温多雨季节，选择地势高，通风见光好的地块，整好地，用敌克松制毒土或用噁霉灵喷洒进行土壤消毒，苗床周围挖好排水沟。辣椒的花芽分化在苗期即进行，所以要培育大苗、壮苗。一般用较大营养钵育苗，即可培育壮苗，又有利于定植后提前返苗。有条件的农户可采用基质穴盘育苗。

（2）播种育苗　一般 6 月下旬播种，苗期 1个月，7 月下旬定植。种子要消毒，播后搭小拱棚，覆盖塑料棚膜和遮阳网做顶，塑料棚膜挡雨，遮阳网遮光。高温季节要保持土壤湿润确保出苗。壮苗标准：苗高 15～17 厘米，开展度15 厘米左右，苗龄 30～36 天，有 6～10 片真叶，刚现蕾分权，叶色深绿壮而不旺，根系发达，无病虫危害。

3. 整地做畦与定植 秋延后辣椒生育进程较快，要求基肥充足，肥料充分腐熟，土壤全层施肥，肥料浓度又不能过大。基肥要求以有机肥及磷、钾肥为主，结合耕地早施、深施、分次施。一般每亩施腐熟基肥 5 000 千克（或干鸡粪 500 千克），复合肥 20～30 千克，生物肥 100 千克。定植前 2 天喷杀虫、杀菌剂预防，做到"带药出嫁"。宽窄行栽培，大行距 80 厘米，小行距 50 厘米，穴距 45 厘米。选择阴天或晴天下午 16 时以后，起苗前剔除病虫苗、弱苗、杂苗，多带土，边栽边浇定根水。

4. 定植后的管理

（1）**温度管理** 辣椒生长最适宜的温度白天 23～28 ℃，夜间 15～18 ℃。前期在棚膜上覆盖遮阳网遮光降温，大棚日夜通风，当白天温度稳定在 28 ℃以下时，可揭掉大棚外的遮阳网。秋季早期一般温度比较适合，不要特别调控。后期在温度不适宜时候，一般是 11 月第一次寒潮来到之前（即小雪前），棚内要及时上二膜，上膜后注意温、湿度调控。

（2）**水肥管理** 辣椒施肥以基肥为主，看苗追肥，切忌氮肥用量过多，造成枝叶繁茂，大量落花，推迟结果。前期宜小水勤浇。追施以优质复合肥为主，溶水浇施。一般每次每亩10千克，分别在定植后10～15天和坐果初期追肥。定植后到11月上旬，棚内土壤保持湿润，切忌忽干忽湿和大水漫灌。11月中旬以后，以保持土壤和空气湿度偏低为宜。

（3）**植株调整** 将门椒以下的腋芽全摘除，生长势弱时，第1～2层花蕾应及时摘掉，以促植株营养生长，确保每株都能多结果增加产量。10月下旬到11月上旬植株上部顶心与空枝全部摘除，以减少养分消耗，促进果实膨大长足。摘顶心时果实上部应留2片叶。在拉秧前10～15天，将植株摘心，打掉所有枝杈的顶部，以去掉顶端优势，使顶部的小果实迅速长大，达到商品采收标准。另外也可用15～20毫克/升2，4-D或35～40毫克/升防落素保花保果。

5. 采收 根据市场行情，可分次采青椒上市。

（三）芹菜栽培技术

1. 品种选择 品种选用抗寒、耐弱光、抗病力强的品种，如西芹1号。

2. 育苗 大棚秋延后芹菜于6月下旬播种育苗，8月下旬定植，10月下旬陆续上市。

(1) **催芽** 芹菜种子发芽的适宜温度为15～20℃，秋延后栽培幼苗期正值高温季节，不利于种子发芽，先将种子用冷水浸种12小时后，经淘洗、晾散，吊在井内水面以上或放在山洞、地下室等冷凉的地方，使环境温度保持在15～20℃，促进种子尽快出芽。催芽期间，一般进行2次淘种、晾种，5～7天后种子露白时即可播种。

(2) **苗床的准备** 芹菜种子小，顶土力弱，出苗慢，因此要精细整地，做好育苗床。每亩施用腐熟的圈肥5 000千克，肥料捣细撒匀，然后深翻整地，做宽1.2～1.5米、长25米左右的苗畦。做畦时应取出部分畦土，过筛做覆土备用。为防止苗期杂草丛生，每亩用48%的氟乐灵乳油125克，兑水60～100千克，在整平畦面后喷洒畦面，随即浅锄5～10厘米深，使药剂与表层土壤充分混合，以防药剂见光分解，然后浇水播种。药效可维持2～3个月。

(3) **播种** 播种宜在阴天或傍晚进行。苗床先浇透水，将种子与少量细沙土拌匀，在畦面上均匀撒播，播后覆盖细土，厚度为0.5厘米。播种至出苗需10～15天。为防止阳光暴晒和雨水冲刷，播种后需采取遮阳保湿措施，可用玉米秸、高粱秸、苇帘等作为覆盖材料。有条件的，可盖黑色或银灰色遮阳网，既能遮阳、防雨，又能防蚜、防病。但要注意保证幼苗生长中后期有适宜的光照，即遮阳网晴天盖、阴天揭，中午盖、早晚揭，不能一盖到底，否则不利培育壮苗。

（4）**苗期管理**　苗期管理以防晒、降温、保湿为主。播种后至出苗前，每1～2天浇一次小水，保持畦面湿润。出苗后苗床内光弱时，可揭去遮阳覆盖物，光强时再盖上，逐渐减少遮盖时间。雨天要注意排水。第一片叶展开后，逐渐减少浇水次数。苗齐后至3片叶应进行2～3次间苗，3片真叶时，保证幼苗间距不小于4厘米见方。结合间苗及时剔除杂草。芹菜苗5～6叶期，要控制水分，防止徒长。苗高5～6厘米时，结合浇水，每亩追施尿素8～10千克，或叶面喷0.3%～0.5%的尿素液，促进幼苗生长。幼苗具有5～6片真叶、苗高10～20厘米时就可定植。

苗期发现蚜虫时，要及时用吡虫啉、灭多威等药剂进行防治。发生病害时要用百菌清、多菌灵等药剂进行防治。

3. 定植

（1）**整地施肥**　一般在8月下旬定植。结合翻地，每亩施用优质腐熟的圈肥5 000千克，尿素

30千克，过磷酸钙40千克，硝酸钾15千克，粪土掺匀，耙平耧细，做成1.2～1.5米宽的平畦。

（2）**定植** 选阴天或傍晚进行。在棚内开沟或挖穴，随起苗、随定植、随浇水，并浇透水。栽植深度以不埋住心叶为度。定植密度：本芹一般行距20厘米，株距13厘米左右，亩栽25 000株左右；西芹采用行距25厘米，株距20厘米，亩栽10 000～13 000株。

4. 定植后的管理

（1）**温度调节** 定植后，气温有时仍较高，土壤蒸发量大，因此，定植初期要注意保湿、降温，中午光照太强时可用遮阳网遮阳。当白天最高气温降至15 ℃、夜间降至5 ℃时，需要扣棚保温。扣棚初期，外界光照强、温度高，既要通风降温，又要保湿，夜间大棚两侧薄膜可不盖上，使植株逐渐适应大棚栽培环境。当外界气温下降时，白天通过改变薄膜通风口的大小，使棚内温度白天保持在15～20 ℃，夜间10～15 ℃。11月中旬以后，气温急剧下降，要封严风口，减少通风，加强保温，防止受冻。夜间气温低于6 ℃时，还要在大棚四周加围草苫保温。在保证不受冻的前提下，草苫要早揭晚盖，使植株多见光，并经常清洁薄膜，提高透光率。阴天、雨雪天也要揭苦，中午暖和时要加强通风，至少2~3天通风一次，严寒冬季不通风。成株虽然能忍耐-7~-10℃的低温，但长时间在低温下，叶柄也会受冻变黑，出现空心，纤维含量增加，品质下降。保温条件有限时，要适当早采收。

（2）**肥水管理**　定植时要浇足底水，2~3天后再浇一次缓苗水，使土壤湿润，并能降低地温。浇水后中耕，并将被泥土淤住的苗扶正。心叶发绿时表明已经缓苗，这时可进行7~10天蹲苗，待植株叶柄粗壮、叶片颜色浓绿、新根扩展后再浇一次水，保持地面见干见湿。定植后1个月，植株生长加快，要勤浇水、勤中耕，一般4~5天浇一次水，浇水后及时通风散湿。一般于11月上中旬覆盖农膜，为保证后期不缺肥，扣膜前结合浇水进行一定追肥。扣棚后，环境湿度大，极易造成叶枯病的发生，因此，除扣棚前进行一次细致喷药外，扣棚初期要注意加强放风。在外界天气寒冷时，棚内水分散失量小，植株蒸发量也减少，要减少浇水次数和浇水量，一般1个月左右浇一次。低温季节，浇水宜在晴暖天气的中午前后进行，并适度通风。收获前7~8天再浇一次水，使叶柄充实、鲜嫩。芹菜喜肥，生长期间要及时补充肥料。蹲苗结束后，要交替追施速效化肥和腐熟人粪尿。旺盛生长期，当株高达到 30 厘米时，每亩随水冲施硫酸铵 15～25 千克或人粪尿 1 500 千克，可随浇冻水再追施一次速效化肥。

5. 收获与贮藏 大棚冬芹菜生长到 60～70 厘米时，在元旦前开始第一次收获。在 1 月中旬进行第二次收获，这两次收获可采用披外层叶上市的办法。每株一次披 3～4 片外叶，在 2 月上旬进行第三次收获，可连根拔起供应春节市场。若保温条件较差，不能过冬，应在冬前上市，或收获后贮藏。一般要在棚内的最低温度降至 2 ℃以前及时采收。如果采收过早，可进行短期贮藏，于元旦前后上市。

做短期贮藏的芹菜，在收获时连根带土一块铲起，轻轻抖落部分根土，摘掉黄叶、烂叶及病叶，注意不要碰伤叶柄，然后捆成把，每把 5 千克左右。在棚内挖 25～30 厘米深、1.5 米宽的沟，长度按需要而定。把芹菜根朝下排入沟中，把挨把放齐，在上面盖上草苫。温度低时，要覆盖好，温度高时要揭去草苫，以免内部积热。这种方法既可防冻，又能减少水分蒸发，可贮藏 20 天左右。

第六讲

大棚早春甜瓜—夏秋甜瓜—秋冬菜栽培实用技术

一、甜瓜、菠菜对环境条件的要求

(一) 甜瓜

甜瓜属喜温作物,对温度要求高,种子在16~18℃开始发芽,发芽适温为30~33℃,生长期适温25~32℃,在40℃的高温下仍能生长,低于10℃时生长停止。开花期的适宜温度为20℃,最低温度为18℃。甜瓜对低温反应敏感,遇霜即死。甜瓜的生育期间需要有较大的温差,一般幼苗及营养生长期温差10~13℃,结果期温差15℃。夜温过高,保护地栽培易产生徒长。

甜瓜属于短日照作物,短日照可促进开花。但甜瓜的多数品种属中光性,只要条件适合,四季均可开花结果。甜瓜对光照的要求很强,正常生长发育需10小时以上光照。光照度小于自然光的80%时,花芽分化质量显著降低。

甜瓜要求空气干燥，一般保持空气相对湿度在 50%～60%。空气潮湿时生长势弱，坐果困难，容易发病。幼苗期和伸蔓期内适宜的湿度有利于植株的生长，开花期内要求湿度有所降低，但过干或过湿均妨碍甜瓜授粉受精的正常进行。开花结果期内雨水少、湿度低时有利于提高品质，因此最好采用渗灌或滴灌，并采用地膜覆盖，以减少水分蒸发量，降低空气湿度。甜瓜对土壤水分也要求较低，生长期间 30 厘米土层内的土壤持水量保持在 70%～80%，果实成熟期降低至 55%～60%，收获前 10 天应停止灌水。

甜瓜根系发达，对土壤条件要求不是很严格，沙土、壤土、黏土均可种植；但甜瓜根系好氧性强，最适于沙质壤土栽培。甜瓜对钾肥的需求量大，钾可提高果实含糖量，但甜瓜为忌氯作物，不宜施用含氯钾肥。

(二) 菠菜

菠菜属耐寒蔬菜，种子在 4 ℃时即可萌发，最适为 15～20 ℃，营养生长适宜的温度为 15～20 ℃，25 ℃ 以上生长不良，地上部能耐 -6～-8 ℃的低温。

菠菜是长日照作物，在高温长日照条件下

植株容易抽薹开花，对日照强度要求不严，可与高秆作物间、套作。

菠菜叶面积大，组织柔嫩，对水分要求较高。水分充足，生长旺盛时肉厚、产量高、品质好。在高温长日照及干旱的环境条件下，营养生长受抑制，加速生殖生长，容易未熟抽薹。

菠菜对土壤适应能力强，但仍以保水保肥力强、肥沃的壤土为好，菠菜不耐酸，适宜的 pH 为 7.3～8.2。菠菜为速生绿叶菜，要求有较多的氮肥促进叶丛生长，品质好、产量高。应在氮、磷、钾全肥的基础上增施氮肥。

二、早春甜瓜—夏秋甜瓜—秋冬菜栽培模式

早春甜瓜：选用雪红、脆梨、丰雷、景甜等品种。早春茬甜瓜 1 月中下旬育苗，3 月上旬定植，5 月上中旬上市。亩产量 4 000 千克。

夏秋茬甜瓜：于 7 月中下旬直播，9 月中旬上市。亩产量 2 500 千克。

秋冬菜：主要种植黄瓜、菠菜、芫荽等。黄瓜于夏秋茬甜瓜收获前于植株间直播；菠菜或芫荽于 10 月上旬直播，12 月下旬上市。

三、早春甜瓜—夏秋甜瓜—秋冬菜栽培实用技术

(一)早春茬甜瓜栽培实用技术

1. 品种选择 选择耐低温、耐弱光、结果集中、商品性好的品种，应以早熟、中熟优质品种为主。

2. 育苗

(1)营养钵育苗

① 播种期。甜瓜育苗期为 30～35 天，定植期往前推 1 个月左右的时间，即是播种期。定植期约在 3 月上旬，则育苗播种期一般安排在 1 月中下旬。如果保温条件好也可提早到 1 月上中旬育苗。

② 种子处理和催芽。备播的种子经去杂、去劣、去秕，晾晒后再进行种子处理。用甲基硫菌灵或多菌灵 500～600 倍液浸种灭菌 15 分钟，捞出放入清水中洗净，用浓度 15% 磷酸三钠溶液浸种 30 分钟以钝化病毒。再用 50～60 ℃温水浸种，搅拌至 30 ℃，浸泡 6～8 小时，捞出擦净种皮上的水分，用清洁粗布将种子分层包好，放置于 30～32 ℃恒温下催芽。24～30 小时露出胚根，即可播种。

③ 营养土制作与播种。营养钵的规格可以是 10 厘米×10 厘米或 8 厘米×8 厘米或 8 厘米×10 厘米。营养土应疏松透气、不易破碎，保水保肥力强，富含各种养分，无病虫害。

营养土用未种过瓜类作物的大田土、园田土、河泥、炉灰及各种畜禽粪和人粪干等配制而成。一切粪肥都须充分腐熟。配制比例是大田土 5 份，腐熟粪肥 4 份，河泥或沙土 1 份。每立方米营养土加入尿素 0.5 千克，过磷酸钙 1.5 千克，硫酸钾 0.5 千克或氮、磷、钾复合肥 1.5 千克。营养土在混合前先行过筛，然后均匀混合。育苗土的干湿度要适宜，土壤湿度为半干半湿，即抓起一把土，手握成团，落地即散，湿度不足时，就先用喷雾器均匀喷水，湿度过大时，应事先摊开晾晒。

营养土装钵后，整齐紧密地排列于苗床内，浇足底水，晾晒 4~6 小时即可播种。每一营养钵内放 1 粒催芽种子，播种后覆土 1.0~1.5 厘米。然后盖地膜，保持床土湿润，提高营养钵的温度，幼苗出土时立即除去地膜，以便幼苗出土。

④ 苗床管理。苗床管理是以掌握温度为中心，出苗前要密闭不通风，此时床温以保持 30~

35 ℃为宜。一旦幼芽开始出土就应适当注意放风透气，因为从幼苗出土至子叶平展，这段时间下胚轴生长最快，是幼苗最易徒长的阶段，所以要特别注意控制甜瓜苗的徒长。其措施有三：第一，床温降低至 15～22 ℃；第二，尽量延长光照时间，保证幼苗正常发育；第三，降低床内空气和土壤湿度，空气相对湿度白天 50%～60%，夜间 70%～80%。当真叶出现后，幼苗不易徒长，因此床温应再次提高到 25～30 ℃。幼苗 3 片真叶后，应降低床温，控制浇水，进行定植前的锻炼。另外，实践证明，采用昼夜大温差育苗，是培养壮苗的有效措施。当幼苗真叶出现后，白天床内气温 30 ℃左右，夜间最低气温 15 ℃左右，这样有利于根系的生长，有利于培育壮苗。

（2）穴盘嫁接育苗

① 基质配制。选用优质草炭、蛭石、珍珠岩为基质材料，按体积比 3：1：1 配制，每立方米加入 1～2 千克国标复合肥，同时加入 0.2 千克多菌灵搅拌均匀后密封 5～7 天待用。

穴盘使用黑色 PS 标准穴盘，砧木选用 50 孔穴盘，尺寸 53 厘米×28 厘米×8 厘米。接穗选用平盘，标准尺寸 60 厘米×30 厘米×6 厘米。

将含水量 50%～60% 的基质装入穴盘中，稍加振压，抹平即可。

② 砧木选择。以南瓜为主，与接穗亲和力强，共生性好，且抗甜瓜根部病害，对产品品质影响小，嫁接优势表现明显。

③ 浸种催芽。方法同营养钵育苗。

④ 播种。砧木较接穗提早播种 5 天。砧木出芽率达 85% 以上时即可播种。把种子摆入穴盘内，然后覆盖消毒蛭石，淋透水后，苗床覆盖地膜。白天温度 28～30 ℃，夜间 18～20 ℃。幼苗出土后及时揭去地膜，白天 22～25 ℃，夜间 16～18 ℃。接穗种子均匀地播在装有基质的平盘内，播后覆盖一层冲洗过的细沙，用地膜包紧。放置在温床或催芽室内催芽，温度 30 ℃左右。有 70% 的种子露白时去掉地膜，逐渐降低温度，白天 22～25 ℃，夜间 16～18 ℃。

⑤ 嫁接方法及标准。选用插接法。砧木第一片真叶露心，茎粗 2.5～3.0 毫米，嫁接苗龄 12～15 天；接穗子叶展平，刚刚变绿，茎粗 1.5～2.0 毫米，嫁接苗龄 10～13 天。嫁接前一天砧木、接穗都淋透水，同时叶面喷洒杀菌剂。

⑥ 嫁接。将砧木真叶和生长点剔除。用竹签紧贴砧木任一子叶基部内侧，向另一子叶基

部的下方呈 30°～45°斜刺一孔，深度 0.5～0.8
厘米。取一接穗，在子叶下部 1 厘米处用刀片斜
切 0.5～0.8 厘米楔形面，长度大致与砧木刺孔
的深度相同，然后从砧木上拔出竹签，迅速将
接穗插入砧木的刺孔中，嫁接完毕。

⑦ 嫁接后管理。

a. 湿度。苗床盖膜保湿。嫁接后前 3 天苗
床空气相对湿度保持在 95％以上。之后视苗情
逐渐增加通风换气时间和换气量。6～7 天后湿
度控制在 50％～60％。

b. 温度。嫁接后前 6～7 天白天保持 25～
28℃，夜间 20～22℃。伤口愈合后，白天温度
22～30℃，夜间 16～20℃。

c. 光照。嫁接后前 3 天遮光，早晚适当见
散射光，以后逐渐增加见光时间，直至完全不
遮阳。遇到久阴转晴要及时遮阳，连阴天须进
行补光。

d. 肥水管理。嫁接苗不再萎蔫后，视天气
状况，5～7 天浇一遍肥水，可选用磷酸二氢钾
等优质肥料。

e. 其他管理。及时剔除砧木长出的不定芽，
去侧芽时切忌损伤子叶及摆动接穗。嫁接苗定
植前 5～7 天开始炼苗。加大通风、降低温度、

减少水分、增加光照时间和强度。出苗前喷施一遍杀菌剂。

⑧ 苗期病虫害防治。病害主要有猝倒病、立枯病、蔓枯病等，可用40%多菌灵悬浮剂600倍液或70%代森锰锌500倍液、25%瑞毒霉800倍液喷洒2～3次；虫害主要有蚜虫、白粉虱、蓟马、美洲斑潜蝇等，可用2.5%氯氰菊酯或20%氰戊菊酯2 000倍液、阿维菌素1 500倍液等药剂喷施。

3. 定植

（1）定植时间 当甜瓜苗龄30～35天，真叶三叶一心，一般大棚地温稳定在12℃以上时，便可定植。大棚定植时气温较低，应在定植前10～15天扣棚，以利于提高棚内温度。

（2）整地做畦 大棚内土壤在前作物收获后及时深翻，基肥以有机肥为主，每亩施3 500～4 000千克，硫酸钾复合肥30千克，一般采用宽窄行高垄定植，宽行距1.0～1.1米，窄行距70～80厘米，株距30～35厘米。浇一次底水，晾晒后铺上地膜。为便于采光，南北走向大棚顺棚方向做畦。栽苗前，用制钵器按一定株距在高垄中央破膜打孔，将幼苗栽到孔内。一般亩栽2 000～2 500株。通常大棚高畦上只铺地膜即可，但有时在定植后的短期内还加盖小棚，以利保温，促进缓苗，促进幼苗的迅速生长。

（3）立架栽培 为适应大棚甜瓜密植的特点，多采用立架栽培，以充分利用棚内空间，更好地争取光能。常用竹竿或尼龙绳为架材。架型以单面立架为宜，此架型适于密植，通风透光效果好，操作方便。架高 1.7 米左右，棚顶高 2.2～2.5 米，这样立架上端距棚顶要留下 0.5 米以上的空间，利于空气流动，降低湿度，减少病害。

4. 田间管理

（1）棚内温、湿度管理 甜瓜在整个生育期内最适宜的生长发育温度是 25～30 ℃，但在不同生长发育阶段对温度要求也不同。定植后，白天大棚保持气温 27～30 ℃，夜间不低于 20 ℃，地温 27 ℃左右。缓苗后注意通风降温。开花前营养生长期保持白天气温 25～30 ℃，夜间不低于 15 ℃，地温 25 ℃左右。开花期白天 27～30 ℃，夜间 15～18 ℃。果实膨大期白天保持 27～30 ℃，夜间 15～20 ℃。成熟期白天 28～30 ℃，夜间不低于 15 ℃，地温 20～23 ℃。营养生长期昼夜温差求 10～13 ℃，坐果后要求 15 ℃。夜间温度过高容易徒长，对糖分积累不利，影响品质。

适于甜瓜生长的空气相对湿度为 50%～60%，而在大棚内白天 60%，夜间 70%～80% 也能使甜瓜正常生长。苗期及营养生长期对较高、较低的空气湿度适应性较强，但开花坐果后，尤其进入膨瓜期，对空气湿度反应敏感，主要在植株生长中后期，空气湿度过大，会推迟开花期，造成茎叶徒长，以及引起病害的发生。当棚内温度和湿度发生矛盾时，以降低湿度为主。降低棚内湿度的措施：第一是通风。生育前期棚外气温低而不稳定，以大棚中部通风为好；后期气温较高，以大棚两端和两侧通风为主，雨天可将中部通风口关上。在甜瓜生长的中后期要求棚内有一级风。第二是控制浇水。灌水多，蒸发量大，极易造成棚内湿度过高，所以要尽量减少灌水次数，控制灌水量。提倡膜下灌水。

（2）**水肥管理** 在整个生长期内土壤湿度不能低于 48%，但不同的发育阶段，对水分的需要量也不同。定植后到伸蔓前瓜苗需水量少，叶面蒸发量少，应当控制浇水，促进根系扩大；伸蔓期可适当追肥浇水；开花前后严格控制浇水，当幼瓜长到鸡蛋大小，开始进入膨瓜期，水分供应要足。成熟期需水少。在膨瓜期配合浇水每亩可追施硫酸钾 10 千克。通常大棚甜瓜浇一次伸蔓水和 1～2 次膨瓜水即可。注意浇膨瓜水时水量不可过大，以免引起病害。另外，可在操作行内铺上麦秸或玉米秆等干草，每亩用量 1 000 千克，厚度 10 厘米，不仅可降低棚内湿度，还能提供有机肥。白天吸热，晚上放热，对前期提高棚内温度有一定作用。

(3) **整枝** 为使厚皮甜瓜在最理想的位置结果，使结果期一致，摘心、整枝为栽培上必需的手段。大棚甜瓜多采用单蔓结果整枝或双蔓结果整枝。

① 单蔓结果整枝法。此法操作简单，管理方便，成熟期提前，结果集中，但产量稍低。具体做法是：主蔓先不摘心，直到 25～30 叶时才摘心，主蔓基部第 1～10 节位的子蔓全部摘除，选留主蔓上第 11～16 节位上所发生的子蔓作为结果蔓，春季低温期结果蔓多在主蔓 13～16 节上为宜，结果蔓留 3 条各留 2 片叶摘心，其他子蔓全部摘除。结果后主蔓基部的老叶可剪掉 3～5 叶，以利通风。结果蔓上的腋芽（孙蔓）也应摘除。

② 双蔓结果整枝法。此法可获得较高产量，但瓜成熟较晚，而且成熟期不太集中。整枝操

作是：幼苗 3～4 片真叶展开时摘心，待子蔓长 15 厘米左右时，从中选留长势健壮、整齐的子蔓 2 条，摘除其余的子蔓，子蔓 20～25 叶时摘心。低温期结果位置不宜太低，在第 10 节左右发生的孙蔓上坐瓜；高温期结果位置宜低，以第 6 节以后发生的孙蔓使其结果。预定结果蔓以内的侧蔓及早摘除，预定结果蔓留 2 叶摘心，子蔓最尖端 3 节发生的侧蔓摘除，其他非结果蔓的孙蔓枝视植株生育情况而定，生育旺盛时，非结果蔓全部留 1 叶摘心，生育稍弱或分枝力弱的品种，其非结果枝放任之。

无论哪种整枝方式，摘心工作应及早进行，防止伤口过大，主蔓摘心应在叶片没展开之前摘除，结果子蔓或孙蔓摘心须在花蕾未开放前进行，以促进坐果和果实肥大。整枝摘心宜在晴天进行，并可适当喷洒农用链霉素防止伤口感染。

（4）**人工授粉** 甜瓜属于典型虫媒花，栽培中需昆虫传粉或人工辅助授粉才能坐果，若开花期遇低温阴雨天气，授粉受精不良，坐果率偏低，保护地内种植厚皮甜瓜必须人工授粉，阴雨天尤为重要。授粉一般在上午 8～10 时进行。授粉时将当天盛开的雄花摘下，确认已开始散粉，摘掉花瓣，将花粉轻轻涂抹在雌花柱头上，一般1朵雄花可涂抹2～3朵雌花。或者用坐瓜灵解决这一问题，利用坐瓜灵处理可在雌花开放当天或开花前1～3天内进行，处理时间较长，处理后6小时之内没有雨水冲刷，坐果率可达到90％以上，为瓜农解除后顾之忧。

使用浓度：坐瓜灵每瓶（袋）5克兑水2～3千克（稀释400～600倍），充分摇匀。使用浓度与环境温度有关，详见表10-1：

表10-1　坐瓜灵在使用时兑水量与环境温度的关系

环境温度（℃）	兑水量（千克）
15～20	2.00～2.25
21～24	2.25～2.75
25～30	2.75～3.00

使用方法：将坐瓜灵用水稀释至所需浓度，充分摇匀，使其呈均匀的白色悬浮液，然后采用微型喷壶对着瓜胎逐个充分均匀喷施，也可采用毛笔浸蘸药液均匀涂抹整个瓜胎。

注意事项：

① 使用效果受当地气候条件、品种特性及使用方法影响，在大面积应用前须小面积试用，掌握其正确使用技术，以达到最佳使用效果，

杜绝副作用（如裂瓜、畸形瓜、瓜有异味苦味等）的产生。

② 喷、涂或蘸药一定要均匀，以免出现歪瓜，且不可重复过量喷施，用后要加强肥水管理。

③ 在浓度范围内，加水量随环境温度高低适当调整，温度高，加水多，温度低，加水少，温度过高（高于 30 ℃）或温度过低（低于 15 ℃）不宜使用，以免造成药害、烧瓜、抑制瓜生长等不良影响。

④ 坐瓜灵系可湿性粉剂，使用时应随用随配，不可久置。

（5）**选瓜留瓜**　坐果后 5～10 天当幼瓜长到鸡蛋大小时，选留节位适宜、瓜形圆正，符合本品种特点的瓜作为商品瓜。早熟小型果品种留 2 个，留两个瓜的要选节位相近的，以防出现一大一小的现象；中晚熟大型果留 1 个。当幼瓜长到 0.5 千克左右时，要用塑料绳吊在果梗部，固定在竹竿或支柱的横拉铁丝上，以防瓜蔓折断及果实脱落。

5. 果实成熟与采收　判断果实的成熟度，可从皮色、香味、熟性等方面识别。多数品种的幼果和成熟果，皮色上有明显的变化。鉴别甜瓜成熟度的标准主要有：

（1）**开花至成熟的时间** 不同品种自开花至成熟的时间差别很大，栽培时可在开花坐果时做出标记，到成熟日期前后采收。

（2）**离层** 多数品种果实成熟实时在果柄与果实的着生处都会形成离层。

（3）**香气** 有香气的品种果实成熟时开始产生，成熟越充分香气越浓。

（4）**果实外表** 成熟时果实表现出固有的颜色和花纹。

（5）**硬度** 成熟时果实硬度有变化，用手按压果实有弹性，尤其花脐部分。

（6）**植株特征** 坐果节位的卷须干枯。坐果节位叶片叶肉失绿，叶片变黄，此可作为果实成熟的象征。

采收应在早上温度较低，瓜表面无露水时进行。采收时瓜柄应剪成"T"形。采收后随即装箱或装筐运走。

如果运往外地，则在采收时应注意：采收前10～15天停止浇水以减少腐烂损耗；采收的成熟度要一致；采收及装运过程中要轻拿轻放，尽量减少机械损伤等。

（二）夏秋茬甜瓜栽培实用技术

于早春茬甜拉秧后7月中下旬直播，9月中

旬开始采收，瓜成熟期 28 天左右，可采收 2～3 个瓜，一般于 10 月上旬采收结束。其栽培要点如下：

1. 施足底肥　上茬甜瓜拉秧后清洁田园，结合犁地每亩撒施腐熟优质有机肥 1 500 千克，45％三元复合肥 50 千克，石灰 75 千克，整平耙细。直播前 2～3 天结合起垄施尿素 5 千克，45％硫酸钾三元复合肥 20 千克，硼砂 1.0～1.5 千克，辛硫磷毒土 10 千克。垄高 20～25 厘米，垄面要平、净、细。

2. 播种　催芽、起垄方法同早春茬甜瓜操作方法。

3. 田间管理

(1) 及时覆盖防虫网　播种后要及时在大棚周围和顶口放风处覆盖防虫网，防止害虫进入，减轻病虫害发生。

(2) 及时摘心和追肥　当瓜苗 4 片真叶时就要及时摘心，每株选留 2～3 条健壮的子蔓，并将它们均匀分布，当子蔓 18～20 片真叶时再摘心，每根子蔓再留 2～3 条孙蔓，孙蔓坐瓜后，瓜前要留 2～3 片小叶时摘心，一般每株可留瓜 3～4 个。在生长期间要及时摘除多余的子蔓、孙蔓、花蕾以及茎部的老叶、病叶。一是可减少养分流失，提高坐果率，促进瓜膨大。二是增强通风透光，减少病害的发生。播种后 40 天左右根浇 0.5％的三元复合肥和 10％腐熟的人粪尿混合液，促进瓜苗生长和伸蔓。在瓜长至鸡蛋大小时，根浇 1％三元复合肥和 15％腐熟的人粪尿混合液，促进瓜膨大。

(3) **引蔓搭架** 大棚甜瓜多采用立架栽培，以充分利用棚内空间，更好地争取光能。常用尼龙绳引蔓上爬，此架型适于密植，通风透光效果好，操作方便。到瓜长到 0.5 千克左右时要及时用塑料绳吊在果梗部，固定在大棚横拉铁丝上或用网兜兜住瓜，以防瓜重坠秧。

(4) **适时防治病虫害** 病害防治应预防为主，发现病情及时防治。夏秋栽培主要发生病害是霜霉病和疫病，虫害主要是蚜虫和瓜绢螟。从播种到收获一般喷 3～4 次农药，农药应选择低度、高效、安全为水准。苗期喷一次保护性杀菌剂如井冈霉素、百菌清等农药。霜霉病发生初期喷 800～1 000 倍液 72％霜脲锰锌或 500 倍液 58％甲霜灵锰锌，疫病发生初期喷 800 倍液疫霜灵或 600 倍液 64％杀毒矾；防治蚜虫用 10％吡虫啉 2 000～2 500 倍液，瓜绢螟用 5％氟虫腈悬浮剂 2 500 倍液或 1.8％阿维菌素乳油

3 000倍液进行叶面喷施。总之可根据病虫害发生情况进行适时喷药,生长中后期喷农药时可加0.3%磷酸二氢钾和0.2%硼砂混合液或其他叶面肥1~2次。

4. 适时采收 夏秋栽培甜瓜一般从授粉到采收需28天左右成熟。当瓜发出香味,表现出成熟时固有特性时就可采收。注意果实采收前7~10天停止喷药、叶面肥、追肥,保证食瓜安全。

(三)秋冬黄瓜栽培实用技术

1. 品种选择 选择对低温弱光条件忍耐性强、株型紧凑,优质、高产、抗病的品种。如津杂3号、津杂4号、津春4号等黄瓜品种。

2. 育苗定植 黄瓜于9月上旬育苗。甜瓜采收后,从植株基部剪断,于10月上旬定植黄瓜,株距20~30厘米,定植后覆盖地膜。在随后的管理中去掉甜瓜枯秧,引黄瓜蔓上架。

3. 田间管理

(1) 温度调节 进入10月中旬后,外界气温逐渐降低,此时随着气候的变化,要合理调节棚内温度,逐渐减少放风量。白天保持25~28℃;夜间维持在15℃左右,低于13℃时,夜间不留风口,封闭大棚,保证足够的温度,满足黄瓜生长的需要。

（2）**湿度调节**　棚内的空气相对湿度大，极易发生病害。在保证温度的前提下，进行通风降低湿度，尤其是阴雨天，要进行通风。另外，在喷药、施肥和灌水的当天和以后的 1～2 天内，在不使棚温过低的情况下，适当早揭膜、晚盖膜，以延长通风时间，使棚内空气湿度不致过高。

（3）**肥水管理**　表土见干见湿时浇一次缓苗水。结果前以控为主，要求少灌水。进入黄瓜结瓜期，肥水供应要充足，一般是以水带肥，化肥和粪稀交替使用。结瓜盛期肥水要足，一般需追肥 2～3 次，每隔 10～15 天追施一次，每次每亩施尿素 10 千克或腐熟稀人粪尿 500～750 千克。要小水勤浇，肥料要勤施少施，严禁大水漫灌。在这个阶段，还可以进行叶面喷肥，加以补充钾肥，每亩用硫酸钾肥 10 千克。特别是连续阴雨天，根外追肥可保证植株生长发育的需要，其配方为 0.5％尿素、0.3％磷酸二氢钾及各种营养素如喷施宝等。

（四）秋冬菠菜栽培技术

1. 品种选择　选用耐寒、抗病、高产的菠菜品种。

2. 播种　上茬甜瓜拉秧后及时整地播种，一般于 10 月中旬播种。播种前，种子经搓散后，在温水中浸泡 12～24 小时，洗去黏液，捞出后稍加摊晾，即可播种。

3. 整地播种 播种前应深翻土地，每亩施充分腐熟的有机肥 5 000 千克，氮、磷、钾复合肥 30 千克，尿素 15 千克。整平地面后做平畦，一般畦宽 1.2 米，畦埂高 10～15 厘米。采用直播法，用条播的方式，播时先开浅沟，沟距 12～15 厘米，深约 2 厘米，将种子均匀点于沟中。播后用木板刮平地面，先用脚踩一遍，然后浇大水造墒。

4. 田间管理 苗长到 2～3 片真叶时，进行间苗定苗，苗距 3～5 厘米。然后根据墒情合理浇水。结合浇水，每亩施尿素 15 千克。于下霜前扣上棚膜，在扣棚膜前 2～3 天浇水后喷一次预防霜霉病的药剂。在大棚菠菜进入旺盛生长后期，可喷洒磷酸二氢钾、复硝酚钠等进行叶面施肥，以促其快速生长。

5. 病虫害防治 菠菜病虫害较少，虫害主要是蚜虫，病害则主要有霜霉病和炭疽病。防治蚜虫时可用 10% 吡虫啉可湿性粉剂 1 000 倍液，用 64% 杀毒矾可湿性粉剂 500 倍液防治霜霉病，80% 炭疽福美可湿性粉剂 800 倍液防治炭疽病。

6. 及时收获 当株高 20～25 厘米时即可陆续采收。收获时要根据市场行情适时采收上市。

第七讲
大棚早春黄瓜（番茄）—秋延韭菜栽培实用技术

一、番茄对环境条件的要求

番茄属于喜温性蔬菜，发芽期要求温度在25～30℃，幼苗生长以白天20～25℃，夜间10～15℃为宜。低于10℃，生长量下降，低于5℃，茎叶停止生长；锻炼后幼苗可忍耐5～6℃的低温。开花坐果期对温度反应最为敏感，尤其在开花前后几天内要求颇为严格。最适宜的温度白天25～30℃，夜间15～20℃，低于15℃或高于35℃都不利于授粉受精，从而导致落花落果。结果期最适宜的温度白天25～30℃，夜间13～18℃。温度低时果实发育速度减缓，温度高时，果实生长速度加快，但坐果数减少。番茄根系生长要求适宜的土壤温度（5～10厘米土层）为10～22℃。

番茄是喜光、短日照植物，在由营养生长转向生殖生长过程中基本要求短日照，但要求并不严格，有些品种在短日照下可提前现蕾开花，多数品种则在 11～13 小时的日照下开花较早，植株生长健壮。在设施生产条件下，要注意通过延长光照时间，选择栽培方式，植株调整，每天坚持清扫棚膜上的灰尘及后墙增加反光幕等措施增加光照，增加光合作用时间，以获得最佳的栽培效果。

番茄枝繁叶茂，蒸腾作用强盛，当植株进入旺盛生长期时需水较多，因此注意适量浇水，但由于其根系较发达，也不必经常大量浇水，特别是番茄不需要过高的空气湿度，如湿度过高，会诱发多种病害。一般保持在 45%～60% 为宜，可采用地膜覆盖浇水后大通风等措施来降低湿度。结果期是需水最多的时候，应及时补充水分，避免过干过湿，这样会引起果实脐腐病、裂果、根系生长不正常或烂根死秧等。

番茄对土壤条件要求不太严格，但为获得丰产，促进根系良好发育，应选用土层深厚、排水良好、富含有机质的肥沃壤土。土壤酸碱度以 pH 6～7 为宜。番茄是喜钾作物，在氮、磷、钾三要素中以钾的需要量最多，其次是氮、磷。磷对根系生长及开花结果有着特殊作用；钾对果实膨大、糖的合成及运输有重要作用。

此外还需要硫、钙、镁、锰、锌、硼等元素。

二、早春黄瓜（番茄）—秋延韭菜栽培模式

早春黄瓜（番茄）：黄瓜选用早熟耐低温、耐弱光、对病害多抗品种。1月中下旬育苗，3月上旬定植，4月上中旬上市。平均行距65厘米，株距25～30厘米，每亩保苗3 500～4 000株。亩产量10 000千克。番茄在12月中旬温室育苗，3月上旬定植，4月中下旬上市。采用宽窄行起垄地膜覆盖的方法，宽行80厘米，窄行50～60厘米，株距30～40厘米，亩留苗2 500～3 000株。6月初拉秧，亩产量8 500千克左右。

韭菜：选用高产、优质、抗逆性强的韭宝等品种。4月上旬育苗，7月下旬定植，10月上旬上市。亩产量5 000千克。

三、早春黄瓜（番茄）—秋延韭菜栽培实用技术

（一）黄瓜栽培实用技术

1. 品种选择 选择抗病、丰产，适宜当地消费习惯的早熟品种，如津杂3号、津春2号、津春3号、津春4号等。

2. 苗床准备 早春大棚黄瓜一般采用营养钵育苗，栽 1 亩黄瓜需苗床 35 米² 左右，苗床一般做成 8～10 米长、宽 1.2 米、深 10～15 厘米，营养土按 2/3 的园土和 1/3 的精细腐熟农家肥混合，每立方米营养土加三元复合肥 2.5 千克、80% 多菌灵可湿性粉剂 100 克，掺拌均匀，晒干备用。一般在播种前 7 天应将苗床和营养土准备好。

3. 播期 一般在 1 月中下旬播种。

4. 浸种浸芽 先用 50% 多菌灵和 50% 甲基硫菌灵各 10 毫升，加水 2 千克，浸种 20 分钟取出后清水洗净；再把种子放在 55～60 ℃ 的热水中消毒，要不断搅拌，15 分钟后，再换清水浸泡 2～4 小时，用清水洗净后，放于湿布袋内，在 25～30 ℃ 条件下催芽，经过 30 小时左右，待露白嘴时，即可播种。

5. 播种 播种时间一般在 1 月中下旬。把营养土装入 10 厘米×10 厘米钵中，再把营养钵排入苗床上，钵间封严土。播前苗床浇足底水，待水下渗后撒 0.5 厘米厚底土，随即点播催芽种子，每个营养钵点 1 粒种子，之后盖 0.5 厘米厚的营养土。为防治苗期病害，盖种土要拌入多菌灵等杀菌剂。播种后在苗床上用竹片做小拱架，高 0.5～0.6 米，以便覆盖薄膜和草帘保温。

6. 苗期管理

（1）**温度** 温度主要依靠通风和覆盖草帘等进行调节。播种至出苗应保持较高的温度，以便出苗整齐，白天 27～30 ℃，地温 22～25 ℃。正常情况下 5～7 天齐苗。齐苗至第一次真叶展开时，开始通风换气，白天保持气温 20～25 ℃，夜间 15～17 ℃，此期间温度过低，会延长苗龄，易形成花打顶早衰现象，若温度过高易使幼苗徒长。定植前 7～10 天，以降温炼苗为主，白天气温保持 15～20 ℃，加大通风、拉大昼夜温差，在定植前 3～5 天夜间气温可降至 5～7 ℃，以抵御早春低温危害。

（2）**光照** 苗期以多见光为好，早晨太阳照到苗床即揭帘，下午阳光离开苗床即盖帘。

（3）**水分** 苗床浇水掌握气温低不浇，床土不干不浇，午后不浇，个别处干时个别处补浇，不能轻易浇大水和全面浇水。

（4）**苗期防病** 一般每隔 7～10 天喷一次杀菌药，喷药一般在晴天上午用药，以几种杀菌剂轮换使用效果更好。

大棚黄瓜在生产中常采用嫁接育苗，具体的嫁接育苗方法参照第一讲中温室黄瓜嫁接方法。

7. 整地施肥　定植前要深翻整地，亩施农家肥 5 000～10 000 千克。在做畦前，再混施磷肥或多元复合肥 20～25 千克。黄瓜栽培一般采用宽窄行高垄定植，在畦间挑沟起垄，宽行距 80 厘米，窄行距 50 厘米，趁墒覆盖地膜，以便提温保墒。

8. 定植　大棚一般在 3 月上旬定植。定植前 20 天扣棚烤地增地温。定植时要求苗茎粗、节短、色深绿、根系发达，4～5 片叶，苗龄 50 天左右。

定植最好在冷尾暖头天气的中午前后，定植时先铺地膜，按 25～30 厘米的株距开穴，放苗，浇水，覆土后地膜口要用土封严，以防漏气降温伤苗、保持棚内地面平整，上干下湿，利于降低棚内空气湿度。

9. 定植后管理

(1) **温度控制**　定植后大棚闭棚 7 天左右保温，促苗成活。白天温度控制 28～32 ℃，夜间 18～20 ℃为宜。晴天因气温回升则应揭开棚膜通风换气，阴雨天闭棚保温，至 4 月下旬，气温稳定在 15 ℃以上，即可撤膜。加强通风，促苗旺长。

(2) **根瓜采收前的管理**　缓苗后为加速生

长可在地膜下浇一次井温水,也称缓苗水。白天温度 25～28 ℃,夜间温度 15～18 ℃,根瓜采收前追肥浇水,亩追施尿素 20 千克,钾肥 15 千克。

(3) **结瓜期的管理** 早春茬大棚黄瓜栽培在管理上采用"大水大肥高温促"的办法促瓜早上市。白天温度控制在 28～32 ℃,夜间温度 15～18 ℃,高温管理也能减轻病害的发生。7～10 天追肥浇水 1 次,每次亩追施尿素 20 千克、钾肥 20 千克、磷肥 10 千克。同时要从结瓜开始进行叶面喷肥,喷施 0.3% 尿素＋0.2% 磷酸二氢钾溶液,5～7 天喷一次。

初瓜期通风降湿早打药、防病促瓜控徒长,盛瓜期光、温、湿要协调,肥水齐攻多收瓜。

(4) **人工授粉** 棚内昆虫较少,要进行人工授粉。黄瓜开花当天,采下雄花花朵将雄蕊对准雌花柱头涂抹几次,可达到授粉的目的。也可用保果素或赤霉素喷花保果,提高前期坐果率。

(5) **整枝吊蔓** 可纵向拉几道(与黄瓜行数相同)铁丝,然后用尼龙绳,下边拴在黄瓜茎基部,上端活扣在铁丝上,瓜蔓绕绳往上攀缘,也可人工绕绳辅助攀缘。秧顶要与棚膜保持 40～60 厘米距离，过长秧要落蔓。

（二）番茄栽培实用技术

1. 品种选择　应选择耐低温、耐弱光、抗病性强的早熟高产品种，金棚 1 号、百丽等。

2. 播种育苗

（1）播种期　一般在适宜温度的条件下，番茄 70 天可以达到现蕾定植的标准。大棚早春栽培一般于 3 月上旬定植，所以温室育苗的适播期安排在 12 月中旬。

（2）播种量　选色泽好、籽粒饱满，发芽率 85% 以上合格种子，每亩用种量 20～30 克。

（3）种子消毒

① 温汤浸种。用 53～55 ℃温水，浸泡 10 分钟，期间不断搅动。然后在室温下浸泡 10 小时，捞出洗净，即可催芽或直播。

② 药剂浸种。10% 磷酸三钠溶液浸泡 15～20 分钟，然后用清水冲洗干净，再浸泡 4～6 小时，即可催芽或直播。

（4）催芽　把充分吸水的种子用湿毛巾包好，放在温度为 25～28 ℃火炕上或电热恒温箱中。每天用自来水冲洗一次，经 2～3 天，大部分种子露白尖发芽时，即可播种。

（5）播种　番茄育苗土应选择肥沃的大田

土、腐熟的农家肥、细炉灰渣各 1/3 混合配成，装钵育苗，提前 1~2 天浇足底水，并在床面上覆盖地膜保湿。待床土温室达到 20 ℃ 左右时，即可选择晴天上午播种。为预防苗期病害，可在播种前后撒施药土，每平方米苗床用 50% 多菌灵可湿性粉剂 7~8 克，与 100 倍细土调匀，在播种前后各撒一半。播种后种子上面覆土厚度为 1 厘米左右，最后床面用地膜覆盖增温保湿。

（6）**苗期管理** 播种后提高室温，促使迅速出苗。苗床温度白天保持 25~30 ℃，夜温保持 20 ℃ 以上。幼苗出齐后应适当通风，增加光照，进行降温管理。水分管理上，前期一般不用浇水，中后期如有缺水卷叶现象，可适当点水。灌水后要根据苗长势，加强通风锻炼，使床内温度不超过 25 ℃，这样苗的生长与花芽分化才会协调进行。夜间温度也应在 10 ℃ 以上，若长期低于 10 ℃，易形成畸形果。

定植前 1 周，是幼苗主要生长期，白天掌握在 18~20 ℃，夜间 13~15 ℃。管理上要适当早揭苦晚盖苦，尽量增加光照时间。定植前 1 周要进行炼苗，白天 15~20 ℃，夜间 10~12 ℃。

壮苗标准：株高 22~25 厘米，茎粗 0.6 厘米以上，7～8 片展开叶，叶片肥厚、深绿色，第一花序现花蕾，秧苗根系发育良好，无病虫害。

3. 定植

（1）定植前的准备 整地与施肥。彻底清除前茬作物的枯枝烂叶，进行深翻整地，改善土壤理化性，保水保肥，减少病虫害。定植前要施足底肥，一般亩施 5 000 千克有机肥，有机肥应充分腐熟。

（2）定植期及定植方法

① 定植期。棚内 10 厘米地温稳定在 10 ℃左右即可定植，一般 3 月上中旬定植，定植时间应选择在晴天上午。如果采用多层覆盖，可于 2 月下旬定植。定植前 20 天左右扣棚，提高棚内地温，利于番茄定植后缓苗。

② 定植方法。定植采用宽窄行起垄地膜覆盖的方法，宽行 80 厘米，窄行 50～60 厘米，株距 30～40 厘米，亩留苗 2 500～3 000 株。按宽行距起好垄，于垄内挑沟，垄上覆盖地膜，按株距开穴。于穴内浇水，待水渗下后，把苗坨放入穴内，埋土封穴。此法地温高，土壤不板结，幼苗长势强。

卧栽法：用于徒长的番茄苗或过大苗定植。

栽时顺行开沟，然后将幼苗根部及徒长的根茎贴于沟底卧栽。此法栽后幼苗高低一致，茎部长出不定根，增大番茄吸收面积。

4. 定植后管理

（1）温度　早春大棚番茄定植后一段时间内，由于外界低温，应以保温增温为主，夜间棚内可采用多层覆盖。缓苗后，棚内气温白天保持在 25～30 ℃，夜间保持 15～20 ℃。随着气温回升，晴天阳光充足时，室温超过 25 ℃要放风，午后温度降至 20 ℃闭风。防止夜温过高，造成徒长。番茄开花期对温度反应比较敏感，特别是开花前 5 天至开花后 3 天，低于 15 ℃和高于 30 ℃都不利于开花和授粉受精。结果期，白天适温 25～28 ℃，夜间适温 15～17 ℃，昼夜温差在 10 ℃为宜；空气相对湿度 45%～60%，土壤相对湿度 85%～95%。特别是果实接近成熟时，棚温可稍提高 2～3 ℃，加快果实红熟。但挂红线后不宜高温，否则会影响茄红素的形成，不利着色而影响品质。为保持适宜温度，当夜间最低温度不低于 15 ℃时，可昼夜通风换气。

（2）浇水

① 定植水。不宜浇大水，以防温度低、湿度大，缓苗慢，发病。

② 缓苗水。在定植后 5～7 天视苗情，选晴朗天气的上午浇暗水（水在地膜下走）或在定植行间开小沟或开穴浇水。第一花序坐果前，土壤水分过多，易引起徒长，造成落花，因此，定植缓苗后，要控制浇水。

③ 催果水。第一穗果长至核桃大小时浇一次足水，以供果实膨大。

④ 盛果期水。盛果期番茄需水量大，因气温、棚温高，植株蒸腾量大，应增加浇水次数和灌水量，可 4～5 天浇一次水；浇水要匀，切勿忽干忽湿，以防裂果。

(3) 追肥 一般追 2 次催秧促果肥。第一穗果实膨大（如核桃大）、第二穗果实坐住时追施，每亩用尿素 20 千克与 50 千克豆饼混合，离根部 10 厘米处开小沟埋施后浇水，或每亩随水冲施人粪尿 250～500 千克。第二穗果实长至核桃大时进行第二次追肥，每亩混施尿素 20 千克加硫酸钾 10 千克。还可结合病虫害防治喷洒 0.5％ 的磷酸二氢钾根外施肥，对促进坐果和早熟有明显的作用。

(4) 搭架和绑蔓 留 3～4 穗果多采用竹竿或秸秆为架材；留 5～8 穗果时视大棚结构的结实程度，可以采用绳吊蔓。温室内一般搭成直立架,便于通风透光,一般每穗果下绑蔓一次。

(5) **植株调整** 在番茄生长中必须及时打杈、搭架、捆蔓、疏花果、打老叶,否则植株生长过旺,田间通风透光条件差,湿度大,容易导致大田生长期晚疫病的发生和蔓延。

① 整枝打杈。根据预定要保留的果穗数目进行。当植株达到3～4或5～8穗果时掐尖,在最后一穗果的上部要保留2个叶片。留3～4穗果多用单干整枝,只保留主干,摘除全部侧枝;5～8穗果可采取双干整枝,除主枝外,还保留第一花序下的侧枝。整枝打杈宜在下午进行,整枝的当天必须用64%杀毒矾可湿性粉剂800～1 000倍液或58%瑞毒霉锰锌可湿性粉剂1 000倍液进行喷施,防治病菌从伤口侵入。

② 保花保果与疏花疏果。前3穗花开时,需涂抹2,4-D或用番茄灵等蘸花处理,可在药液中加入红墨水做标记。当每穗留3～4个果,对畸形果和坐果过多,要及时采取疏果措施。

③ 摘心。根据需要,当植株第3～4、5～6或7～8穗花序甩出,上边又长出2片真叶时,把生长点掐去,可加速果实生长、提早成熟。

④ 打老叶。到生产中后期,下部叶片老化,失去光合作用,影响通风透光,可将病叶、老

叶打去，并深埋或烧掉。

5. 采收 在果实成熟期，根据市场、不同的品种和商品需求适时采收，采摘下部果面转红至全部转红的果实，及时出售。采收过程中所用工具要清洁、卫生、无污染。

（三）韭菜栽培实用技术

1. 养根 育苗移栽养根株比直播长势好、均匀、产量高。早春化冻后及早播种，播前亩施优质农家肥 5 000～8 000 千克，平畦撒播；播后覆土并覆盖地膜保墒增温，促进早出苗，苗出齐后及时撤膜。只有韭菜鳞茎贮有大量的营养，在延迟栽培中才会有较高的产量。幼苗 3～4 片叶移至大棚。一般在 6～7 月前茬果菜腾茬后，整地施足有机肥，按行距 30～35 厘米开沟，沟底宽 10 厘米撮栽，撮距 3～4 厘米，每撮 15 株左右。移栽后浇水促缓苗，以保土壤湿润，见干后及时浇水。8 月中旬至 10 月中旬是韭菜生长适期，也是肥水管理的关键时刻，此时期应追肥 2 次。8 月上旬在韭菜将要旺盛生长时进行第一次追肥，亩施腐熟的饼肥或人粪尿 200～500 千克，在行间开沟施入追肥后浇一次大水，以后每隔 5～6 天浇一水，每隔两水追一次肥，亩施复合肥 15 千克，随天气转凉要减少浇水次数，保持土表面见干见湿，当气温降至 5～10 ℃停止浇水追肥，为使鳞茎养分充足，秋季一般不收割。

2. 棚内管理　在塑料薄膜覆盖前 15 天，在露地收割韭菜一次，待新韭叶长出 3 厘米时追复合肥，亩施量 15～20 千克，并及时浇水，并覆盖塑料薄膜，如果市场不紧缺，也可在盖塑料薄膜后立即收割第一刀。收割和覆盖不可过晚，以免因外界低温使韭菜休眠，达不到延迟栽培的目的。覆盖初期外温较高，必须加强放风，防止徒长，可把四周的塑料薄膜大部分掀开，促使空气对流，保持白天不超过 25 ℃，夜间不低于 10 ℃，后期随外界气温下降，逐渐缩小通风口，减少通风时间。根据土壤情况及时浇水，保持土壤见干见湿，每收割一刀后，待新叶长出 3～4 厘米时追一次化肥，亩施复合肥 15～20 千克。

在覆盖后 20～30 天即可收割第二刀，约在11 月上中旬。第一刀是秋季生长的成株，第二刀在大棚中适宜的条件下长成，故前两刀产量较高。第三刀韭菜长期处在光照弱、日光光短、温度低的条件下，产量较低。每次收割都应适应浅下刀，最好在鳞茎上 5 厘米处收割，最后一次收割，可尽量深割，因为割完就刨除韭根（具体技术参照第二讲中温室韭菜部分）。

第八讲
大棚早春丝瓜栽培实用技术

一、丝瓜对环境条件的要求

丝瓜属喜高温、耐热力较强的蔬菜，而不耐寒。植株生长发育的适宜温度是白天 25~28 ℃，夜间 12~20 ℃，15 ℃以下生长缓慢，10 ℃以下生长受到抑制，基本停止生长，5 ℃以下常受寒害。5 ℃是丝瓜的临界温度。

丝瓜属短日照植物，在短日照条件下能促使提早结瓜，坐第一个瓜的节位低；而给予长日照，结瓜期延迟，根瓜的节位提高。丝瓜在抽蔓期以前，需要短日照和稍高温度，以有利于茎叶生长和雌花分化形成；而在开花结瓜期是植株营养生长和生殖生长并进时期，需要较强的光照，以有利于促进营养生长和开花结瓜。

丝瓜喜潮湿、耐涝、不耐干旱，一生需要充足的水分条件。它要求土壤湿度较高，当土壤相对含水量达 65%~85%时最适宜丝瓜生长。丝瓜要求中等偏高的空气相对湿度，在旺盛生长时期所需的最低空气相对湿度不能低于 55％，适宜湿度为 75％～85％。

丝瓜根系发达，对土壤的适应性较强，对土壤条件要求不严，在一般土壤条件下都能正常生长。但以土层深厚、土质疏松、有机质含量高、肥力强、通气性良好的壤土和沙壤土栽培最好。丝瓜的生长周期长，需较高的施肥量，特别在开花结瓜盛期，对钾肥、磷肥需量更大。所以在栽培大棚丝瓜时，要多施有机肥、磷素化肥和钾素化肥作为基肥，氮素化肥不宜施的过多，以防引起植物徒长，延迟开花结瓜和化瓜。进入结瓜盛期，要增加速效钾、氮化肥供应，促使植株枝繁叶茂，生长茁壮，结瓜数量增多。丝瓜不耐盐碱，忌氯，不可施氯化钾肥。

二、早春丝瓜栽培模式

大棚早春丝瓜于 1 月底至 2 月上旬采用温室营养钵或穴盘播种育苗，3 月上中旬定植。采用大行距 70 厘米，小行距 60 厘米栽植，株距 30 厘米，每亩 3 400 株左右。如果管理得当，采收期能达到 8 月甚至 10 月。亩产量达 5 000 千克以上，亩收入 2 万元左右。

三、早春丝瓜栽培实用技术

丝瓜为一年生的攀缘草本植物，根系比较发达，再生、吸收能力强。茎蔓性，主蔓长 4～5 米，有的长达 10 米以上。分枝能力强。每节有卷须。叶掌状或心形。雌雄异花同株，果短圆柱形至长圆柱形，有棱或无棱，表面有皱折或平滑。

丝瓜具有耐热怕冷、耐湿耐涝的特性。生长适宜温度为 18～24 ℃，在 20～30 ℃以内，温度越高，生长越迅速，温度低于 20 ℃，特别是 15 ℃左右，生长缓慢，10 ℃以下生长受到抑制。

（一）品种选择

大棚丝瓜宜选用植株生长旺盛、耐寒、适应强的品种，如五叶香丝瓜、上海香丝瓜、长沙肉丝瓜、湘潭肉丝瓜、早优 1 号、新早冠406、兴蔬美佳、兴蔬早佳等。

（二）播种、育苗

适期早播，培育壮苗。于 1 月底至 2 月上旬采用温室营养钵或穴盘播种育苗。

丝瓜的种皮较厚，播种前应先浸种催芽。播前晒 1～2 天。再用 10%磷酸三钠或用 1 000倍的高锰酸钾溶液浸泡 20 分钟或采用 50～60 ℃

热水烫种 10～15 分钟。冷却后浸泡 24 小时，取出用湿布包好放在 30～32 ℃的恒温条件下保湿催芽 24～36 小时，每天用清水淘洗 1～2 次，种子露白后即可播种。

1. 营养钵育苗　前一天用地下水浇透营养钵体，每钵播 1 粒，种子平放。播种深度一般为 1.5～2.0 厘米。然后加盖细潮营养土，撒施药土，覆盖地膜。

2. 穴盘育苗　将 50 孔穴盘摆平，上铺有机基质用手指打孔穴 2 厘米左右，每穴播种 1 粒，种子平放，再覆基质、药土，浇透水，上覆地膜。

3. 苗床管理　出苗前棚膜密封保温，棚温保持在 30 ℃左右为宜，当一半以上幼芽开始破土时，除去地膜，棚温控制在 25 ℃左右，晚上保持 20 ℃左右。当幼苗第一片真叶破心后可提高棚温，白天保持在 27～30 ℃，夜间 20 ℃左右。小拱棚上夜间加盖草帘，白天太阳出来后揭去。

出苗前若发现床土较干，揭开缺水地方的地膜，可喷适量温水（30 ℃左右），喷后再轻轻盖上地膜。出苗后应使土壤湿度保持在田间最大持水量的 85％左右。穴盘育苗需注意经常补水，当穴盘基质发干时即应补充水分，一般 1～2 天浇水一次。苗期基质湿度以 40％～60％ 为宜，空气相对湿度为 60％～79％ 为宜。苗期在保证不徒长的情况下可适当追肥，可用稀薄人粪尿或 0.1％ 尿素追施 1～2 次。

移栽前 7 天逐步通风炼苗。

（三）施足基肥、高度密植

丝瓜对于土壤的要求不严格，但以肥沃、有机质丰富的土壤较宜。整地时施足基肥，一般每亩施优质有机肥 5 000 千克，磷酸二铵 60 千克，深翻整平，按小行距 60 厘米，大行距 70 厘米整成小高畦，按株距 30 厘米刨坑浇水定植，覆盖地膜。每亩 3 400 株左右。

3 月上中旬当地表下 15 厘米地温稳定在 15 ℃ 以上冷尾暖头晴天 10 时至 15 时定植。

（四）棚间管理

1. 调整好温度和光照 定植后用小拱棚覆盖 7 天左右，少通风，提高棚内温度，促进提早活棵。丝瓜在整个生长期都要求有较高的温度，生长最适温度为 18～24 ℃，果实发育最适温度为 24～28 ℃。管理中，白天大棚内温度保持在 25～30 ℃，夜间保持在 18 ℃ 左右。在丝瓜抽蔓前，可利用草苫适当控制日照时间，以促进茎叶生长和雌花分化。在开花结果期，要适时敞开草苫，充分利用阳光提高温度。

2. 搭架引蔓 苗高 20 厘米时，插支架，搭成高 2 米左右的"人"字架，放蔓后及时引蔓、绑蔓。为减少架杆占据空间和遮阳，可用铁丝或尼龙绳等直接系在大棚支架上，使其形成单行立式架，顶部不交叉，按原种植行距和密度垂直向上引蔓。蔓上架后，每 4～5 片叶绑一次，可采用"S"形绑法。

3. 及时摘除侧蔓和卷须 在植株长到中期，还应隔株从根部剪断让其停止生长和适当剪去部分老蔓叶、雄花和小侧蔓，确保田间通风透光，标准掌握在架下面见到零碎的光斑。

4. 合理追肥 第一雌花授粉坐果后，距根部两侧各 30 厘米左右开穴，每亩施尿素 25 千克、腐熟饼肥 50 千克、氮磷钾复合肥 20 千克作为果肥，促进瓜果膨大。第一批瓜采收后每亩追施尿素 18 千克作为接力肥。

5. 防治畸形瓜、提高商品率 结瓜时，发现部分幼瓜生长弯曲或有卷须缠绕后，应及时在幼弯瓜下面吊一块小瓦片，使其逐渐长直，或将卷须去除，以提高瓜的商品率。还可根外喷施磷酸二氢钾等营养液来提高商品率。

6. 适时浇水 丝瓜苗期需水量不大，可视墒情适浇小水 1～2 次，当蔓长到 5 厘米左右时，结合再次培土，浇大水一次。开花结果以后，一般 7～8 天浇一次水。

7. 保花保果 用 2,4-D 涂花，可减少落花，显著提高坐果率。既可用毛笔蘸液涂于雌花柱头及花冠基部，也可直接把花在药液中浸蘸一下（要注意药液配制浓度，以免用量不当，产生畸形果）。涂抹时间应在 8 时左右。或采用人工授粉，时间一般在 7～10 时，将雄花的花粉均匀涂在雌花柱头上。每朵雄花授 3 朵左右的雌花。

（五）采收

一般雌花开放后 9～12 天就可采收上市。采收盛期应每隔一天采收一次。采摘宜在早晨进行，采收一般至 8 月中下旬结束，如果管理得当，采收可延至 10 月甚至下霜前为止。

第九讲
大棚早春马铃薯—夏白菜—秋番茄栽培实用技术

一、马铃薯对环境条件的要求

马铃薯又名土豆、洋芋、山药蛋、荷兰豆等，属茄科茄属的一年生草本植物，原产于南美洲和秘鲁及智利的高山地区。马铃薯具有高产、早熟、用途广泛的特点，又是粮菜兼用型作物，在其块茎中含有大量的淀粉和较多的蛋白质、无机盐、维生素，既是人们日常生活中的重要食品原料，也是多种家畜、家禽的优良饲料，还是数十种工业产品的基本原料。另外，其茎叶还是后茬作物的优质底肥，相当于紫云英的肥效，是谷类作物的良好前茬和间套复种的优良作物。

马铃薯喜凉爽，要求肥沃、疏松、透气良好，适宜块茎生长膨大的沙质土壤。通过休眠的马铃薯，当温度达到 5 ℃时开始发芽，但极为缓慢，适宜幼芽生长的温度为 13～18 ℃，适宜茎伸长的温度为 18 ℃，适宜叶生长的温度为 16～21 ℃，超过 29 ℃或降至 7 ℃以下茎停止生长，最适宜块茎生长的土温为 15～18 ℃，夜间较低的气温比土温对块茎形成更重要，植株处在土温 18～20 ℃的情况下，夜间气温 12 ℃能形成块茎，夜间气温 23 ℃则无块茎。马铃薯出苗期要求土壤相对含水量 50%～60%，幼苗期要求土壤相对含水量 60%～70%，低于 40%茎叶生长不良，发棵期要求土壤相对含水量 70%～80%，结薯期要求土壤相对含水量保持在 80%，保持土壤见干见湿，收获时土壤相对含水量需降至 50%左右。

马铃薯是喜光作物，长日照对茎叶生长和开花有利，短日照有利于养分积累和块茎膨大。幼苗期短日照、强光和适当高温，有利于发根、壮苗和提早结薯；发棵期长日照、强光和适当高温，有利于建立强大的同化系统；结薯期短日照、强光和较大昼夜温差，有利于同化产物向块茎运转，促使块茎高产。

二、早春马铃薯—夏白菜—秋番茄栽培模式

早春马铃薯：中原地区保温性较好的三膜

大棚可于 1 月中旬前后播种, 中拱棚双膜栽培可于 2 月初播种, 小拱棚双膜栽培可于 2 月中下旬播种。在 5 月初至 6 月初择机收获上市。一般亩产 2 500～3 500 千克。

夏白菜：夏白菜 6 月上旬直播, 或 5 月中下旬播种育苗, 6 月中旬定植, 7 月底采收完毕, 一般亩产 2 500 千克。

秋番茄：7 月中下旬育苗, 8 月上旬定植, 9 月中旬上市, 11 月中旬拉秧。一般亩产 3 500～4 500 千克。

三、早春马铃薯—夏白菜—秋番茄栽培实用技术

(一) 早春马铃薯栽培实用技术

1. 选种和种薯处理

(1) **选种** 选用适宜春播的脱毒优良品种薯块作为种薯。薯块要具备该品种特性, 皮色鲜艳、表皮光滑、无龟裂、无病虫害。

(2) **切块** 催芽前 1～2 天, 将种薯纵切成 20～25 克的三角形小块, 每块带 1～2 个芽眼, 一般每千克种薯能切 50～60 块。切块时要将刀用 3‰碳酸水浸泡 5～10 分钟消毒。也可选用 50 克左右的无病健康的小整薯直播, 由于幼龄的

小整薯生活力强，有顶端优势，并且养分集中减少了切口传染病害的机会，所以有明显的增产效果。

（3）**催芽**　在播种前 25～30 天，一般在 1 月下旬把种薯于温暖黑暗的条件下，持续 7～10 天促芽萌发，维持温度 15～18 ℃。空气相对湿度 60%～70%，待萌发后给予充足的光照，维持 12～15 ℃温度和 70%～80% 的相对湿度，经 15～20 天绿化处理后，可形成长 0.5～1.5 厘米的绿色粗壮苗，同时也促进了根的形成及叶、匍匐茎的分化，播种后比催芽的早出土 15～20 天。

（4）**激素处理**　秋薯春播或春薯秋播，为打破休眠，促进发芽，可把切块的种薯放在 0.5%～2% 的赤霉素溶液中浸 5～10 分钟；整薯可用 5%～10% 赤霉素溶液浸泡 1～2 小时，捞出后播种。催过芽的种薯如果中下部芽很小，也可用 0.1%～0.2% 的低浓度赤霉素浸种 10 分钟。

2. 整地与播种

（1）**施足基肥**　马铃薯不宜连作，也不宜与其他茄科蔬菜轮作。一般在秋作物收获后应深翻冻垡，开春化冻后亩施优质有机肥 3 000 千克以上，氮、磷、钾三元复合肥 25～30 千克，并立即耕耙，也可把基肥的一部分或全部开播种沟集中使用，以充分发挥肥效。

（2）**适期播种** 保温性较好的三膜大棚春马铃薯可于 1 月中旬前后播种，中拱棚双膜栽培可于 2 月初播种，小拱棚双膜栽培可于 2 月中下旬播种。播种有播上垄、播下垄和平播后起垄等播种方式。平播后起垄栽培，方法是按行距开沟，沟深 10～12 厘米，等距离放入种薯、播后盖上 6～8 厘米厚的土粪，然后镇压，播后形成浅沟，保持深播浅盖，此种植方式，可减轻春旱威胁，增加结薯部位和结薯数，利于提高地温，及早出苗。近年来采用的播上垄地膜覆盖栽培，也可使幼苗提前出土，增产效果显著。

3. 合理密植 适宜的种植密度应根据品种特性、地力及栽培制度而定。应掌握一穴单株宜密，一穴多株宜稀；早熟品种宜密，晚熟品种宜稀的原则。一般宽行 80 厘米，窄行 40 厘米，种植 2 行，株距 20～25 厘米，亩栽植 4 000～4 500株。

4. 田间管理

（1）**出苗前管理** 此期管理重点是提高地温，促早出苗，应采取多次中耕松土、灭草措施，尤其是阴天后要及时中耕；出苗前若土壤干旱应及时灌水并随即中耕。

(2) **幼苗期管理** 此期管理的重点是促扎根发棵，应采取早中耕、深锄沟底、浅锄沟帮、浅覆土措施，苗高 6～10 厘米时应及时查苗补苗，幼苗 7～8 片叶时对个别弱小苗结合灌水施一些速效氮肥，以促苗齐、苗壮，为结薯奠定基础。地膜覆盖栽培的出苗后应及时破膜压孔。

(3) **发棵期管理** 此期管理的重点是壮棵促根，促控结合，即要促幼苗健壮生长，又要防止茎叶徒长，并及时中耕除草，逐渐加厚培土层，结合浇水亩施尿素 5～10 千克，根据地力苗情还可适当追施一些磷、钾肥。

(4) **结薯期管理** 此期管理的重点是控制地上部生长，延长结薯盛期，缩短结薯后期，促进块茎迅速膨大。显蕾时应摘除花蕾浇一次大水，进行 7～8 天蹲苗，促生长中心向块茎转变。有疯长苗头时可用激素进行叶面喷洒，以控制茎叶生长。蹲苗结束后结合中耕，进行开深沟高培土，以利结薯。此时已进入块茎膨大盛期，为需肥需水临界期，需加大浇水量，经常保持地面湿润，可于始花、盛花、终花、谢花期连续浇水 3～4 次，结合浇水追肥 2～3 次，以磷、钾为主，配合氮肥，每亩每次可追氮、磷、钾复合肥 10～20 千克。结薯后期注意排涝和防止叶片早衰，可于采收前 30 天用 0.5%～1.0%的磷钾二氢钾溶液进行根外追肥，每隔 7～10 天一次，连喷 2～3 次。

5. 收获 马铃薯可在植株大部分叶由绿转黄，达到枯萎，块茎停止膨大的生理成熟期采收，也可根据需要在商品需要时采收。收获时要避开高温雨季，选晴天进行采收，采收时应避免薯块损伤和日光暴晒，以免感病，影响贮运。

(二) 夏白菜栽培实用技术

参照第四讲中夏白菜栽培实用技术管理。

(三) 秋番茄栽培实用技术

大棚秋延后番茄是夏播秋收栽培，生育前期高温多雨，病毒病等病害较重，生育后期温度逐渐下降，又需要防寒保温，防止冻害。

1. 品种选择 应选择抗病性强、早熟、高产、耐贮藏的品种。目前生产上的常用品种有特罗皮克、佛罗雷德、佳粉 1 号、世诚 116、强丰、黛西、L401、郑番 2 号、牟番双抗 1 号等，各地应结合本地特点具体选择。

2. 育苗 大棚秋番茄如播种过早，苗期正遇高温雨季，病毒病发生率高，播种过晚，生育期不足，顶部第三穗果实不能成热。适宜播期应在当地气温达到 -5℃ 左右的时期向前推移 110 天左右为宜。北京地区以 7 月 10 日前后为宜，辽宁、吉林以 6 月中下旬为宜，河南、山东等地以 7 月中下旬为宜。如每株只留 2 穗果，适宜的播期可以向后延晚 4~5 天。

大棚番茄栽培可以直播，也可以育苗移栽。直播栽培根系不受损伤，植株生长健壮，单产较高，但前期中耕松土和喷药防治虫害比较费工。大棚秋番茄育苗移栽可以采用小苗移栽（子母苗移栽），也可采用育大苗移栽。小苗移栽一般在两叶一心时，将小苗带土栽进大棚，苗龄 15~18 天，这时植株二级侧根刚刚伸出，根幅不大，定植时伤根少，易缓苗。小苗定植浇水要及时，否则土壤易板结而"卡脖"掉苗。大苗移栽是目前生产上普遍采用的形式。育苗时在小苗 2~3 片叶进行一次移苗（分苗），苗长到 5~6 片叶，日历苗龄 25 天左右时，割坨定植或去掉营养袋定植。这种方法的优点是苗期便于集中管理，定植晚，有利于轮作倒茬，但晚定植病害较重。实际生产上大棚秋番茄采用直播或小苗移栽，往往比育大苗移栽对高产稳产更为有利。番茄越夏育苗可选用50孔穴盘基质育苗，采用遮阳网进行遮阳育苗，要做好防雨、防虫工作，以减轻病害，培育壮苗。定植前1周，叶面喷洒5毫克/千克多效唑溶液一次。

3. 定植　定植前清洁田园，整地施足底肥。一般亩施腐熟农家肥5 000千克左右或干鸡粪1 500千克，三元素复合肥（15 - 15 - 15）35～40千克。秋番茄可采用起垄栽培，大行80厘米，小行50厘米，土地深耕细耙后，沿小行开沟，沟宽40～50厘米，沟深15～20厘米，把肥料均匀施到沟内，然后回填土，以施肥沟为中心，做两个中心相距50厘米、高15厘米的垄，把苗定植在垄上。定植密度一般比春提早栽培大，一般株距40～45厘米，亩定植2 200～2 300株。定植选阴天或傍晚定植，采用浇"坐窝水"的方法定植，定植深度不超过原基质面1厘米，定植后大行、小行及时浇透水，以利缓苗。

4. 定植后的管理

（1）中耕、培土、覆膜　定植后要加强通风、降温。定植3～5天后及时中耕培土，幼苗培土高度不低于5厘米。然后铺设滴灌带和覆膜。

（2）温光管理　前期要防强光、暴雨，有条件的在大棚膜外覆盖遮阳网降低温度，大棚内既要保持土壤经常湿润，蒸发降温，又要保证通风换气。9 月中旬以后，外界气温开始下降，要注意夜间保温，当棚外最低气温降至 12 ℃左右时，注意及时关闭通风口，采用最小露点温差管理法管理。

（3）**肥水管理** 在施足底肥、浇足定植水的基础上，以后 2～3 周应控制肥水，开花坐果期和果实膨大期应注意增加肥水管理，在开花坐果期和果实膨大期可酌情追 2 次肥料，随即浇水，特别是盛果期浇水要足要匀，切勿忽干忽湿，出现裂果。

（4）**植株调整** 如植株徒长，应及时喷洒矮壮素。花期及时喷或蘸防落素等坐果激素，及时整枝、打杈，一般采用单干整枝，每株留 3 穗果左右，最上部果穗上留 2～3 片叶摘心，侧枝及时摘除。

（5）**保花保果与疏花疏果** 在每花序开花 2～3 朵时，用 30～40 毫升/升的番茄灵喷花，或用吲哚乙酸 300 毫升/升＋赤霉素 30 毫升/升＋维生素 180 毫升/升蘸花，每个花序留果 3～4 个。

（6）**打老叶** 当第一果序果实定个后，及时打掉下部老叶，此后上部果实整穗果定个后，及时打掉下部老叶。

5. 采收和贮藏　大棚秋番茄果实转色以后要陆续采收上市，当棚内温度下降到 2 ℃时，要全部采收，进行贮藏。一般用简易贮藏法，贮藏在经过消毒的室内或日光温室内。贮藏温度要保持在 10~12 ℃，相对湿度 70%~80%，每周倒动一次，并挑选红熟果陆续上市。秋番茄一般不进行乙烯利人工催熟，以延长贮藏时间，延长供应期。

第十讲
小拱棚西瓜//冬瓜—大白菜栽培实用技术

一、冬瓜、大白菜对环境条件的要求

(一) 冬瓜

冬瓜喜温耐热，怕寒冷，不耐霜冻。生长发育的适温范围为 20～30 ℃，抽蔓期和开花结果期生长适温为 25 ℃。

冬瓜属于短日照植物，但冬瓜对光照长短的适应性较广，对日照要求不太严格。冬瓜在正常的栽培条件下，每天有 10～12 小时的光照才能满足需要。

冬瓜是喜水、怕涝、耐旱的蔬菜，果实膨大期需消耗大量水分。冬瓜的根系发达，吸收能力很强，根际周围和土壤深层的水分均能吸收，所以又有较强的耐旱能力。不同的生育时期，需水量有所不同，一般植株生长量大时，需水量更大，特别是在定果以后，果实不断增大、增重，需水分最多。

冬瓜对土壤要求不太严格，适应性广，但又喜肥。以肥沃疏松、透水透气性良好的沙壤土生长最理想。冬瓜有一定的耐酸耐碱能力，适宜的 pH 为 5.5～7.6。瓜全生育期需氮最多，钾次之，磷稍少。

(二) 大白菜

大白菜为半耐寒蔬菜，生长适温为 10～22 ℃，其温度的变化最好是由高到低。发芽期和幼苗期的温度以 20～25 ℃为宜，莲座期最好是 17～22 ℃，结球期对温度的要求最严格，日均温度最好是 10～22 ℃，以 15～22 ℃最佳。高于 25 ℃生长不良，10 ℃以下生长缓慢，5 ℃以下停止生长。

大白菜营养生长阶段必须有充足的光照，光照不足则会导致减产。

大白菜蒸腾量大，对土壤水分要求较高。幼苗期需水不多，但不能缺墒；莲座期需水较多，但需酌情蹲苗中耕；结球期需水量最大，应经常保持地面湿润。空气相对湿度则不宜太高，保持在 70%左右即可。

白菜生长期长，生长速度快，产量高，需肥较多，最好是土层深厚、有机质多、便于排灌的沙壤土、壤土。对于氮肥的施用，既不能不足，也不能偏施，否则都会影响产量和品质。

二、西瓜//冬瓜—大白菜栽培模式

西瓜：春季小拱棚覆盖栽培。2月下旬温室播种，地热线加温育苗，苗龄35天左右，4月上旬定植，覆盖地膜，加盖小拱棚（小拱棚竹竿间距1米左右）。6月中旬上市。做畦时畦宽1.6米左右，栽植一行西瓜，株距50厘米左右，亩栽600多株，一般亩产2 500千克左右。

冬瓜：冬瓜与西瓜同一时期播种，同一时期定植。定植时每隔3棵西瓜定植1棵冬瓜，株距1.5米，亩栽280棵左右。7月底8月上旬当冬瓜果皮上茸毛消失，果皮暗绿或白粉布满，应及时收获，一般亩产4 000千克左右。

大白菜：选用高产、抗病、耐贮藏的秋冬品种。采用育苗移栽，于8月上中旬播种育苗，9月上旬于冬瓜收获后整地起垄移栽定植。行距70厘米，株距45厘米，亩栽2 100株左右。于11月中下旬上冻前收获，一般亩产4 000~5 000千克。

三、西瓜//冬瓜—大白菜栽培实用技术

(一)西瓜

1. 栽培季节与品种选择 春季早熟栽培可安排在 2 月底至 3 月初播种育苗,3 月底至 4 月初定植,6 月上中旬即可收获上市。选择早熟优质西瓜品种等。

2. 播种

(1)**营养土配制** 选取肥土 60%～70%,腐熟有机肥 40%～30%,按比例混合均匀后,加硫酸钾复合肥 1.5 千克/米^3、多菌灵 100 克/米^3、敌百虫 100 毫升/米^3(兑水均匀喷雾),拌匀后起堆,盖塑料薄膜密封堆沤。

(2)**播种** 营养钵钵体高 10 厘米、直径 8 厘米,于温室内整齐摆好,空隙用细土或沙土填满。将种子倒入 55 ℃温水中,不断轻轻地搅拌,温度降至 30 ℃时,再浸种 6～8 小时,捞起用湿纱布包好放在 28～30 ℃的环境中催芽,每隔 12 小时用 30 ℃温水冲洗种子 1 遍,种子露白即可播种。播种前将营养钵淋透水,播种时将种子平放,每个营养钵播种 1 粒,上盖 1 厘米厚疏松细土或沙土,覆盖浇足水后盖 1 层膜保湿,

封严压实，搭盖小拱棚。

3. 育苗 采用温室营养钵育苗。出苗前不要轻易揭膜，白天保持温度在30～35℃，夜晚保持15～20℃；待有70%种子出苗时及时揭开地膜。西瓜出土后注意床内的温、湿度管理，主要是通过及时揭、盖膜进行调节，出苗后白天保持25～30℃，夜晚保持18～20℃。苗出齐后白天应逐渐通风，防止高温高湿导致幼苗徒长；随着气温的升高，通风口可不关闭。棚内要配置温度计，根据温度通风，以确保及时调整棚内温度。苗床水分管理以保持营养土不现白为宜。过干时喷0.2%复合肥补水增肥，浇水在晴天上午进行，时间以晴天的16时前为宜；过湿时应于晴天揭膜通风排湿，阴天撒干土吸湿，达到表土干爽不现白为度。定植前5～7天，幼苗有2～3片真叶时低温炼苗，选晴天浇施1次0.5%复合肥作为"送嫁肥"，以备移栽。

4. 整地定植 宜选择背风向阳、地势高燥、土壤肥沃、富含有机质、排灌方便、4～6年未种过瓜类的田块，深耕翻晒30天以上，整畦施肥。每亩施腐熟农家肥3 000千克、硫酸钾复合肥40千克作为基肥。定植后浇1次定植水，覆盖地膜，用土封严定植穴及地膜封口，并搭盖小拱棚。

5. 田间管理   定植后至揭小拱棚膜前，膜边埋伸蔓肥。每亩追硫酸钾复合肥 15 千克、碳铵 20 千克。重施膨瓜肥是增产的主要措施，在 70％瓜有鸡蛋大小时追施膨瓜肥，在离植株根部 30～50 厘米处每亩条施或穴施尿素 10～20 千克、硫酸钾 15～20 千克、腐熟菜饼肥 30 千克，追肥后根据天气情况浇足膨瓜水。开花后结合病虫害防治喷施叶面肥，用 0.2％～0.5％磷酸二氢钾每隔 7～10 天喷雾一次；西瓜膨大期间，可叶面喷施农乐与富利硼，以达到促瓜膨大防空心的效果。挂果后一直保持畦面湿润，表土见黑不见白，雨后及时排除积水，遇干旱及时灌溉。成熟前 10 天左右停止浇水。

定植后 10～15 天，瓜蔓长到 30～50 厘米时，在晴天下午用土块压蔓，以后每隔 7～8 片叶压蔓一次。压蔓时在雌花位置的瓜蔓下面，用草将瓜蔓垫起，然后在前方压蔓，这样雌花离地面高，便于坐瓜。西瓜伸蔓后，一般晴天上午 9 时揭膜，下午 15 时盖膜。雨天、阴天不揭膜。如遇持续阴雨应在棚膜两侧留 15 厘米高的空隙透气；采用双蔓整枝，当主蔓长 60～80 厘米时，将基部分枝去掉，在 3～5 叶的叶腋内分枝中选 1 个培养成侧蔓，其余的一律抹除。整枝定蔓后要经常性抹孙蔓，一直到坐瓜后才能停止，留瓜节位可选在主蔓第二至三节位，侧蔓第二节位，每株选留 2～3 个瓜。授粉在每天上午 6～10 时进行，选择植株长势中等、刚开的大型雄花，连同花柄摘下，将花瓣外翻，露出雄蕊，将花粉轻轻涂抹在正开花的雌花柱头上，雌花应选子房大、花朵小，花梗弯曲、粗长，柱头标准的。1 朵雄花可给 2～4 朵雌花授粉。留二茬瓜时，应在主蔓瓜接近成熟时才能选留。

在果实生长过程中，要注意遮阳，防止果面被阳光灼伤，中后期还应注意翻瓜，以保证果面颜色均匀美观和果肉成熟一致。翻瓜宜在午后进行，防止用力过度而扭断果柄。生长后期进行 2～3 次翻瓜即可。

6. 及时采收 判断西瓜成熟最可靠的方法是计算果实生长日数。一般早熟品种从谢花到成熟需 28～30 天，中熟品种需 32～35 天，晚熟品种需 40 天左右成熟。当地销售的，果实九成熟采收；远销的则八成熟采收。不能采收过早，否则影响品质。第一批瓜采后，及时追肥、浇水、加强病虫害防治，促进第二批瓜生长，充分提高产量。

（二）冬瓜

1. 品种选择　选用抗病、丰产、耐贮藏、商品性好的广东黑皮冬瓜作为栽培品种。

2. 播种育苗

（1）种子处理　冬瓜种子因种皮较厚，不易吸水，播种前应进行浸种催芽和种子消毒。用 75％乙铝·多菌灵可湿性粉剂 300 倍液浸种 20 分钟，预防苗期枯萎病、猝倒病等。再将种子浸在 55 ℃温水中，维持稳定温度 15 分钟，然后冷却至 30 ℃左右，用清水洗净后再浸泡 5～6 小时，捞起用湿纱布包裹放在 30 ℃左右的温度下催芽。在催芽过程中，应经常翻动和清洗种子，并保持湿润，以利出芽整齐。

（2）移苗定植　2 月下旬温室内育苗。提倡使用营养钵育苗，这样定植的冬瓜不伤根，生长健壮，没有缓苗期。苗期棚内注意通风降温去湿，通风时要小心，以免"闪苗"。之后逐渐增加通风量，进行低温炼苗。4 月上旬，冬瓜苗龄 40 天左右，3～4 片真叶时及时定植。定植宜早不宜晚，定植前 7～10 天浇水，以利起苗。定植时每 3 棵西瓜种 1 棵冬瓜，株距 1.5 米。栽后浇水稳苗。

3. 田间管理　定植后浇 1～2 次缓苗水，之后中耕松土，提高地温。秧蔓长到5～6片真叶时，施1次发棵肥，在畦的一侧每亩施复合肥10～15千克、尿素8～10千克，促进伸蔓，增加植株营养积累。第一朵雌花开放后控肥控水，防止徒长，有利于保花坐果。当果实长至3～4千克时加强肥水管理。亩施氮、磷、钾复合肥15～20千克，尿素10～12千克，氯化钾8～10千克。隔10～15天施一次，连续施4～5次。冬瓜生长需水量大，应及时灌水，于上午进行，灌至畦高1/2处待全畦湿润后排水，保持土壤湿润，雨期注意排除积水。

冬瓜茎蔓粗壮，结瓜期长，为减轻棚架的负担，增加节间不定根吸收养分、水分需要，延长瓜蔓寿命，要进行压蔓。压蔓的方法是：选择晴天，在主蔓3～4个节位处压上泥块，压2～3段，使节间增生不定根，加大吸收养分能力。

4. 适时采收　冬瓜坐住后30～40天，瓜皮变成深黑色，表面绒毛褪尽后及时采收。为延长冬瓜的贮存期，在瓜接近成熟时要控制浇水次数。

（三）大白菜

秋冬季大白菜栽培是大白菜栽培的主要茬

次，于初冬收获，贮藏供冬春食用，素有"一季栽培，半年供应"的说法。秋冬季大白菜栽培应针对不同的天气状况，采取有效措施，全面提高管理水平，控制或减轻病害发生，实现连年稳产、高产。

1. 整地 种大白菜地要深耕 20～27 厘米，然后把土地整平，做成宽 1.3～1.7 米的平畦或间距 56～60 厘米窄畦、高畦。

2. 重施基肥 大白菜生长期长、生长量大，需要大量肥效长而且能加强土壤保肥力的农家肥料。北方有"亩产万斤菜，亩施万斤肥"之说。在重施基肥的基础上，将氮、磷、钾搭配好。一般每亩施过磷酸钙 25～30 千克、草木灰 100 千克。基肥施入后，结合耕耙使基肥与土壤混合均匀。

3. 播种 采用高畦（垄）栽培。采用高畦灌溉方便，排水便利，行间通风透光好，能减轻大白菜霜霉病和软腐病的发生。高畦的距离为 56～60 厘米，畦高 30～40 厘米。大白菜的株距，一般早熟品种为 33 厘米，晚熟品种为 50 厘米。

采用育苗移栽方式，既可以更合理地安排茬口，又能延长大白菜前作的收获期，而又不延误大白菜的生长。同时，集中育苗也便于苗期管理，合理安排劳动力，还可节约用种量。移栽最好选择阴天或晴天傍晚进行。为了提高成活率，最好采用小苗带土移栽，栽后浇上定根水。不过另一方面，育苗移栽比较费工，栽苗后又需要有缓苗期，这就耽误了植株的生长，而且移栽时根部容易受伤，会导致苗期软腐病的发生。

4. 田间管理

（1）**中耕、培土、除草**　结合间苗进行中耕 3 次，分别在第二次间苗后、定苗后和莲座中期进行。中耕按照"头锄浅、二锄深、三锄不伤根"的原则进行。高垄栽培的还要遵循"深耪沟、浅耪背"的原则，结合中耕进行除草培土。培土就是将锄松的沟土培于垄侧和垄面，以利于保护根系，并使沟路畅通，便于排灌。

（2）**追肥**　大白菜定植成活后，就可开始追肥。每隔 3～4 天追一次 15% 的腐熟人粪尿，每亩用量 200～250 千克。视天气和土壤干湿情况，将人粪尿兑水施用，大白菜进入莲座期应增加追肥浓度，通常每隔 5～7 天追一次 30% 的腐熟人粪尿，每亩用量 750～100 千克。开始包心后，重施追肥并增施钾肥是增产的必要措施。

每亩可施50％的腐熟人粪1 000～2 000千克，并开沟追施草木灰100千克或硫酸钾10～15千克。这次施肥称为"灌心肥"。植株封行后，一般不再追肥。如果基肥不足，可在行间酌情施尿素。

(3) **中耕培土** 为了便于追肥，前期要松土，除草2～3次。特别是久雨转晴之后，应及时中耕散墒，促进根系生长。

(4) **灌溉** 大白菜播种后采取"三水齐苗，五水定棵"，小水勤浇的方法，以降低地温，促进根系发育。大白菜苗期应轻浇勤泼保湿润；莲座期间断性浇灌，见干见湿，适当炼苗；结球时对水分要求较高，土壤干燥时可采用沟灌。灌水时应在傍晚或夜间地温降低后进行。要缓慢灌入，切忌满畦。水渗入土壤后，应及时排出余水。做到沟内不积水，畦面不见水，根系不缺水。一般来说，从莲座期结束后至结球中期，保持土壤湿润是争取大白菜丰产的关键之一。

(5) **束叶和覆盖** 大白菜的包心结球是它生长发育的必然规律，不需要束叶。但晚熟品种如遇严寒，为了促进结球良好，延迟采收供应，小雪后把外叶扶起来，用稻草绑好，并在上面盖上一层稻草式农用薄膜，能保护心叶免受冻害，还具有软化作用。秋大白菜生长时间长，分别在幼苗期和结球期叶面喷洒 0.01％芸薹素 481，可以显著增产。

5. 收获 大白菜成熟后一般于 11 月中下旬收获。要视当地天气情况具体而定。

第十一讲
小拱棚甜瓜/玉米—大白菜栽培实用技术

一、薄皮甜瓜、玉米对环境条件的要求

（一）薄皮甜瓜

薄皮甜瓜对环境条件的要求与西瓜大致相同，播种期参考西瓜。甜瓜根系分布较浅，生长较快，易于木栓化，适于直播或采取保护根系措施育苗移栽。薄皮甜瓜起源于我国东南部，适应性强，分布很广，具有较强的耐旱能力，但膨大期需肥水较多，近年来，栽培效益较好。

（二）玉米

玉米是主要粮作物，产量高，且营养丰富、用途广泛。它不仅是食品和化工工业的原料，还是"饲料之王"，对畜牧业的发展有很大的促进作用。它喜光喜肥，具有光能利用率高、同化率高、吸肥能力强、生活力强、灌浆速度

快、经济系数高等优点，在生理上具备了增产优势。

二、甜瓜／玉米—大白菜栽培模式

甜瓜：2月下旬至3月上旬温室育苗，4月上旬定植。一般栽培模式为1.3米一带，种植2行甜瓜，甜瓜宽窄行种植，宽行85厘米，窄行45厘米，株距55厘米，亩栽1800株左右。栽后覆盖120厘米宽的地膜，搭小拱棚。6月中旬上市，一般亩产3000千克。

玉米：普通玉米选用大穗型优良品种，于5月上中旬点播于甜瓜行间。玉米宽窄行种植，甜瓜窄行变玉米宽行，甜瓜宽行变玉米窄行。宽行80厘米，窄行50厘米。株距23～26厘米，亩留苗4000～4500株。9月上旬收获，一般亩产650～750千克。如果种植甜玉米或糯玉米成熟更早，对种植大白菜更有利。

大白菜：选用高产、抗病、耐贮藏的秋冬品种。采用育苗移栽，于8月上中旬播种育苗，9月上旬玉米收获后整地起垄移栽定植。行距70厘米，株距45厘米，亩栽2100株左右。于11月中下旬上冻前收获，一般亩产4000～5000千克。

三、甜瓜/玉米—大白菜栽培实用技术

(一) 甜瓜

春季甜瓜小拱棚栽培方式基本上与大棚栽培相似，但由于其保温性能较差，因此在栽培技术上与早春大棚栽培有所不同。

1. 品种选择　薄皮甜瓜品种较多，且各地名命名不一，应根据当地市场需求、栽培条件以及栽培目的来选择品种。

2. 播种期　甜瓜一般每亩需播种量 150～200 克，甜瓜早熟栽培可提前育苗，采用 8 厘米×8 厘米的营养钵育苗，苗龄 30～35 天，地温稳定在 15 ℃时即可定植。一般在 2 月下旬至 3 月上旬育苗，在温室内进行，具体操作方法参照第六讲中大棚甜瓜栽培育苗法。

3. 整地做畦　甜瓜进行小拱棚栽培也须冬季深翻，施肥量、施肥方法同大棚栽培。翌年立春后于定植前，打碎土块，整地做垄。做垄时应按小拱棚设置方向南北向为好。甜瓜宽窄行种植，宽行 85 厘米，窄行 45 厘米，株距 55 厘米，亩栽 1 800 株左右。

4. 小拱棚设置　先在垄上覆盖 120 厘米宽

的地膜，在其外面用宽 2～3 厘米、长 2.2～2.4
米竹片，两头削成斜面插入土中，插入深度 15～
20 厘米，棚底宽 1.0～1.2 米，棚高 80 厘米，竹
片间距 50～60 厘米，拱棚长度与畦长一致，拱
棚上用宽 2.2 米多功能膜覆盖，拉紧膜后，四周
用泥土压实，进行预热。

5. 适时定植 4 月上中旬，选苗龄 35～40
天、有 3～4 片真叶的健壮瓜苗，苗床内摘好心
于晴天中午进行移栽。为缩短瓜苗暴露于露天
的时间，移栽时采取流水作业法，即边定植边
盖膜，及时进行保温保湿。定植完毕，在棚两
侧和棚两头膜上用土块压紧。

6. 合理密植 小拱棚栽培采用双蔓爬地栽
培，瓜秧种在畦中间，两蔓反向伸展，株距 55
厘米，亩栽 1 800 株左右。

7. 棚温管理 小拱棚保温性能比大棚差，
受天气影响大，晴天棚温升温快，夜间降温也
快，管理上要求更为严格。总的原则是早期以
保温为主，定植后 7～10 天一般不揭膜，棚温控
制在 30 ℃左右。若棚内空气湿度过高，可在晴
天中午将小棚南头揭开通风；缓苗后幼苗开始
生长，棚温要适当下降，白天维持在 25 ℃左右，
夜间 12～15 ℃，用延长通风时间来调节；4 月

下旬外界气温回升，晴天上午 10 时可先揭开南头后揭开北头棚膜加大通风，下午 15～16 时，先后关闭北头和南头棚膜；5 月上旬植株进入开花期，外界气温一般在 20～25 ℃，可揭开东或西侧棚膜，这不仅使温度适宜，还能充分见光，提供昆虫传粉机会，也有利于激素保果；5 月下旬，果实进入转熟阶段，小拱棚两侧棚膜都要揭开，顶膜以避雨为主，要挡住植株叶层和果实，以免发生裂果或降低果实含糖量。

8. 摘心与整枝、坐果与疏果　小拱棚栽培采用双蔓整枝法与大棚栽培相同，但由于其拱棚小，整枝时需揭起一侧棚膜，操作比较麻烦。因此，生产中应集中农事内容，尽量减少操作次数，如瓜苗移栽时已行摘心，则坐瓜前只要进行留蔓、坐果节位选定两次整枝即可。

甜瓜的整枝原则：应将主蔓及早摘心，利用孙蔓结瓜的品种则对主蔓、侧蔓均摘心，促发孙蔓结瓜。其整枝方式应根据品种的特性及栽培目的而定。

(1) 双蔓整枝　用于子蔓结瓜的品种。在主蔓 4～5 片真叶时打顶摘心，选留上部 2 条健壮子蔓，垂直拉向瓜沟两侧，其余子蔓疏除。随着子蔓和孙蔓的生长，保留有瓜孙蔓，疏除无瓜孙蔓，并在孙蔓上只留 1 个瓜，留 2～3 片叶子摘心。也可采用幼苗 2 片真叶时掐尖，促使 2 片真叶的叶腋抽生子蔓。选好 2 条子蔓引向瓜沟两侧，不再摘心去杈，任其结果。

（2）**多蔓整枝** 用于孙蔓结瓜的品种，主蔓 4～6 片叶子时摘心，从长出的 5～6 片子蔓中选留上部较好的 3～4 条子蔓，分别引向瓜沟的不同方向，并留有瓜孙蔓，除去无瓜枝杈，若孙蔓化瓜，可对其摘心，促使曾孙蔓结瓜。

9. 浇水和追肥 甜瓜是一种需水又怕涝的植物，应根据气候、土壤及不同生育期生长状况等条件进行合理的浇水。苗期以控为主，加强中耕，松土保墒，进行适当蹲苗，需要浇水时，开沟浇暗水或洒水淋浇，水量宜小。伸蔓后期至坐果前，需水量较多，干旱时应及时浇水，以保花保果，但浇水不能过多，否则容易引起茎蔓徒长而化瓜。坐果后需水量较大，需保证充足的水分供应。一般应掌握地面微干就浇。果实快要成熟时控制浇水，增进果实成熟，提高品质。

甜瓜的追肥要注意氮、磷、钾肥的配合。原则是：轻追苗肥，重追结瓜肥。苗期有时只对生长弱的幼苗追肥，每亩施硫铵 7.5～10.0 千

克，过磷酸钙 15 千克，在株间开 7~10 厘米的
小穴施入覆土。营养生长期适当追施磷、钾肥，
一般在坐果后，挖沟在行间亩追施饼肥 50~75
千克，也可掺入硫酸钾 10 千克，生长期叶面喷
施营养液 2~3 次，效果更好。

10. 采收 采收的要求与方法同于早春大棚
栽培，需要注意的是小拱棚栽培从开花到果实
成熟的天数要延长 2~3 天，不要盲目提早采收。

（二）玉米

1. 普通玉米高产栽培

（1）品种选择 选用紧凑型优良品种。紧
凑型品种具有光能利用率高、同化率高、吸肥
能力强、生活力强、灌浆速度快、经济系数高
等优点，在生理上具备了增产优势。根据品种
对比试验，紧凑型品种比平展叶型品种亩增产
15% 左右。因此应根据当地情况选用比较适宜
的紧凑型品种。另外，在播种以前，要做好晒
种和微肥拌种工作。

（2）适时播种，合理密植 选用大穗型优
良品种，于 5 月上中旬点播于甜瓜行间。玉米宽
窄行种植，甜瓜窄行变玉米宽行，甜瓜宽行变
玉米窄行。宽行 80 厘米，窄行 50 厘米，株距
22~26 厘米，单株留苗。种植玉米密度每亩可

掌握在 4 000～5 000 株。

(3) 科学管理，巧用肥水 玉米具有生育期短、生长快、需肥迅速、耐肥水等特点，所以必须根据其需要及时追肥，才能达到提高肥效、增加产量的目的。

① 苗期管理。为使玉米苗期达到"苗齐、苗匀、苗壮"的目的，苗期管理要突出一个"早"字。麦套玉米在麦收后，要早灭茬、早治虫、早定苗，争主动，促壮苗早发。

② 中期管理。玉米苗期生长较缓慢，吸收养分数量较少，拔节后生长迅速，养分吸收量猛增，抽雄到灌浆期达到高峰。中期是玉米营养生长与生殖生长并进阶段，是决定玉米穗大粒多的关键时期。根据玉米生长发育特点，生产上应按叶龄指数追肥法进行追肥，即在播种后 25～30 天，可见 9～10 片叶，一般亩追施碳铵 50 千克，过磷酸钙 35～40 千克，高产田块还可追施硫酸钾 10 千克。播种后 45 天，展开叶 12～13 片，可见 17～18 片叶，亩追施碳铵 30 千克。在中期根据土壤墒情重点浇好抽雄水。抽雄时进行人工授粉，授粉后去雄，节省养分。

③ 后期管理。玉米生长后期，以生殖生长为主，是决定籽粒饱满程度的重要时期，要以

防止早衰为目的。对出现脱肥的地块，用2%的尿素加磷酸二氢钾150克加水50千克进行叶面喷施。此期应浇好灌浆水，并酌情浇好"送老水"。

(4) **适时收获** 玉米果穗苞叶变黄，籽粒变硬，果穗中部籽粒乳腺消失，籽粒尖端出现黑色层，含水量降到33%以下时，为收获标准。

2. 甜玉米高产栽培 甜玉米是甜质型玉米的简称，因其籽粒在乳熟期含糖量高而得名。它与普通玉米的本质区别在于胚乳携带有与含糖量有关的隐性突变基因。根据所携带的控制基因，可分为不同的遗传类型，目前生产上应用的有普通甜玉米、超甜玉米、脆甜玉米和加强甜玉米4种遗传类型。普通甜玉米受单隐性甜-1基因（$Su1$）控制，在籽粒乳熟期其含糖量可达8%～16%，是普通玉米的2.0～2.5倍，其中蔗糖含量约占2/3，还原糖约占1/3；超甜玉米受单隐性基因凹陷-2（$SH2$）控制，在授粉后20～25天，籽粒含糖量可达到20%～24%，比普通甜玉米含糖量高1倍，其中糖分以蔗糖为主，水溶性多糖仅占5%；脆甜玉米受脆弱-2（$Bt2$）基因控制，其甜度与超甜玉米相当；加强甜玉米是在某个特定甜质基因型的基础上又引入一些胚乳突变基因培育而成的新型甜玉米，受双隐性基因（Su1Se）控制，兼具普通甜玉米和超甜玉米的优点。甜玉米的用途和食用方法类似于蔬菜和水果的性质，蒸煮后可直接食用，所以又被称为"蔬菜玉米"和"水果玉米"。种植甜玉米应抓好以下几项关键措施。

（1）隔离种植避免异种类型玉米串粉 甜玉米必须与其他玉米品种隔离种植，一般可采取以下三种隔离措施：一是自然异障隔离。靠山头、树木、园林、村庄等自然环境屏障起到隔离作用，阻挡外来花粉传入。二是空间隔离。一般在 400～500 米空间之内应无其他玉米品种种植。三是时间隔离。利用调节播种期错开花期进行隔离，开花期至少错开 20 天以上。

（2）应用育苗移栽技术 由于甜玉米单糖转化成淀粉的速度比普通玉米慢，种子成熟后一般淀粉含量只有 18%～20%，表现为凹陷干瘪状态，种子顶土能力弱，出苗率低，生产上常应用育苗移栽技术。采用育苗移栽不仅能提高发芽率和成苗率，从而节约种子和保证种植密度，而且还是早熟高产批品种栽培的关键技术环节。育苗时间以当地终霜期前 25～30 天为宜。一般采用较松软的基质育苗（多采用由草炭、蛭石、有机肥按 6∶3∶1 的比例配制的基质)。播种深度不一般超过 0.5 厘米,每穴点播1 粒种子,将播种完的苗盘移到温度 25～28 ℃、相对湿度 80% 的条件下催芽,催芽前要浇透水,当出苗率达到 60%～70% 后,将苗盘移到日光温室内进行培养,苗期日光温室培养对温度要求较为严格,一般白天应控制在 21～26 ℃,夜间不低于 10～12 ℃。如果白天室内温度超过 33 ℃应注意及时放风降温防止徒长;夜间注意保温防冷害。在春季终霜期过后 5～10 厘米地温达18～20 ℃时进行移栽。

(3) **合理密植**　甜玉米适宜于规模种植,一般方形种植有利于传粉和保证品质。种植密度可根据土壤肥力程度和品种本身的特性来确定,应掌握株型紧凑、早熟、矮小的品种宜密,株型高大、晚熟的品种宜稀,水肥条件好的地块宜密,瘠薄地块宜稀的原则,一般亩种植密度在 3 300～3 500 株。

(4) **加强田间管理**　甜玉米生育期短且分蘖性强、结穗率高,所以对肥水供应强度要求较高,种植时要重视施足底肥,适当追肥,这样才能保证穗大,并增加双穗率和保证品质。对于分蘖性强的品种,为保证主茎果穗有充足的养分、促进早熟，一般要将分蘖去除，不留痕迹，而且要进行多次。甜玉米品种多数还具有多穗性的特点，植株第一果穗做鲜食或加工，第二、第三果穗不易成穗，可在吐丝前采摘，用来制作玉米笋罐头或速冻玉米笋。为提高果穗的结实率，必要时可以进行人工辅助授粉。

① 拔节期管理。缓苗后，植株将拔节，此时可进行追肥，一般亩施尿素 7.5 千克，以利于根深秆壮。

② 穗期管理。在抽雄前 7 天左右应加强肥水管理，重施攻苞肥，亩施尿素 12.5 千克，以促进雌花生长和雌穗小花分化，增加穗粒数，此时还要注意采取措施控制营养生长，促进生殖生长。

③ 结实期管理。此期由营养生长与生殖生长并重转入生殖生长，管理的关键是及时进行人工辅助授粉和防止干旱及时灌水。

（5）适时采收　甜玉米优质高产适时采收是关键。采收过早，籽粒水分含量太高，水溶性和其他营养物质积累尚少，风味不佳，适口性差，产量也低；采收过晚，种皮硬化，糖分下降，籽粒脱水严重，品质下降。一般早熟品种采收期在授粉后 18～24 天，中晚熟品种采收期可适当推迟 2～3 天。

3. 糯玉米高产栽培　糯玉米是玉米属的一个亚种，起源于中国西南地区，是玉米第九条染色体上基因（wx）发生突变而形成的。籽粒呈硬粒型或半马齿型，成熟籽粒干燥后胚乳呈角质不透明、无光泽的蜡质状，因此又称蜡质玉米。根据籽粒颜色糯玉米又可分为黄粒种和白粒种两种类型。糯玉米籽粒中的淀粉完全是支链淀粉，而普通玉米的支链淀粉含量为 72％，其余 28％ 为直链淀粉。糯玉米的消化率可达85％，从营养学的角度讲，糯玉米是一种营养价值较高的玉米。其高产栽培应抓好以下几项关键措施。

（1）**避免异种类型玉米串粉**　要求方法同甜玉米。

（2）**适期播种，合理密植**　糯玉米春播时间应以地表温度稳定通过 12 ℃ 为宜，育苗移栽或地膜覆盖可适当提早 15 天左右；播种可推迟到初霜前 85～90 天。若以出售鲜穗为目的可分期播种。重视早播和晚播，拉长销售期，以提高种植效益。一般糯玉米种植密度为每亩 3 300～3 500株。

（3）**加强田间管理**　和甜玉米一样，糯玉米生长期短，特别是授粉至收获只有 20 多天时间，要想高产、优质对肥水条件要求较高，种植时要施足底肥，适时追肥，才能保证穗大粒多。对分蘖性强的品种，为保证主茎果穗有充足的养分并促进早熟，可将分蘖去除。为提高果穗的结实率，必要时可进行人工辅助授粉。

（4）**适时采收** 糯玉米必须适时收获，才能保证其固有品质。食用青嫩果穗，一般以授粉后 25 天左右采收为宜，采收过早不黏不甜，采收过迟风味差。用于制罐头不宜过分成熟，否则籽粒变得僵硬，但也不宜过嫩，太嫩则产量降低。做整粒糯玉米罐头，应在蜡熟期采收。

（三）大白菜

大白菜栽培技术参照第十讲中大白菜内容。

第十二讲
小拱棚西瓜/三樱椒
栽培实用技术

一、三樱椒对环境条件的要求

种子发芽最适温度为 25～30 ℃；幼苗生长要求较高的温度，最适温度白天 25～30 ℃，夜晚 15～18 ℃；随着植株生长，对温度的适应能力增强。开花阶段适温 21～30 ℃，夜间 16～20 ℃，低于 10 ℃或高于 35 ℃，均影响开花结果。

三樱椒要求中等的光照度和光照时间，较耐弱光。过强的光照易引起日灼病，对生长不利。所以三樱椒可以与果树、玉米等高秆作物间作；三樱椒既不耐涝又不耐旱，当根系被水淹 24～28 小时，天气转晴就会萎蔫枯死。土壤干旱时，根、叶生长受抑，花生长迟缓，坐果率低，故要求土壤保持湿润状态，利于花的形成和果实正常生长。

三樱椒适宜疏松、保水、保肥、中性到微酸性土壤，种植时不要栽植在低洼积水的地块。

氮、磷对花的形成发育有重要作用，钾对果实生长有重要作用。施肥时以有机肥为主，合理配施化肥。

二、西瓜/三樱椒栽培模式

西瓜：春季小拱棚覆盖栽培。2月底温室播种，地热线加温育苗，苗龄35天左右，4月上旬定植，覆盖地膜，加盖小拱棚（小拱棚竹竿间距1米左右）。1.8米一带，种植一行西瓜，株距45厘米，亩栽800余株，一般亩产2500千克左右。

三樱椒：2月底3月初温室育苗，4月下旬移栽，地膜覆盖栽培，苗龄60天左右。种植模式是：每隔一棵西瓜栽一棵三樱椒，三樱椒的行距为45厘米，株距为20厘米，行向与西瓜行向垂直，亩栽7400株左右，一般亩产350千克左右。

三、西瓜/三樱椒栽培实用技术

(一) 西瓜栽培实用技术

参照第十讲中西瓜内容。

(二) 三樱椒栽培实用技术

1. 品种选择 可选用抗病、抗逆性强，适宜春季栽培的无限分枝、植株高大、椒果单生的优良品种。

2. 苗床播种 每平方米 15 厘米厚的苗床土掺入氮、磷、钾三元素（各含 16%）复合肥 0.2 千克，硼、锌肥 5 克，另加草木灰 0.5 千克。苗床土配制后进行消毒，每平方米 15 厘米厚的苗床土掺入 50% 的多菌灵可湿性粉剂 20 克，或 70% 的甲基硫菌灵可湿性粉剂 20 克，可防治立枯病、炭疽病。播种前将种子晾晒 2～3 天，然后用 10% 的高锰酸钾水溶液浸泡 15 分钟，再捞出冲洗干净，即可于 2 月底至 3 月初播种育苗。播种前给苗床喷足水，待水渗透后，将种子均匀撒入，随后用细土覆盖 1 厘米厚，最后喷水润床，对苗床增温，把地膜封严，提高土壤温度。白天温度控制在 20 ℃，夜晚温度控制在 10 ℃，10 天左右即可出苗。苗出土后，应及时放风排湿，防止苗旺长，苗棚内白天温度控制在 25～30 ℃，夜晚温度控制在 15～20 ℃。由于早春自然光较弱，苗棚内光照普遍不足，应于晴朗的中午前后揭膜，增加光照度，抑制苗徒长。另外，移栽前 15 天应控制肥水，加大放风量，进行炼苗、蹲苗，防止出现高脚苗、旺长苗。

3. 定植 2 月底至 3 月初育苗，育苗时间

60 天左右，4 月下旬定植到西瓜田。定植前对苗床浇一次透水，促进苗生发新根，以便于起苗。起出的苗应随起、随栽、随浇定苗水。为了促进苗早发快长，可在定苗水中加入速效化肥，每亩用尿素 4 千克，磷酸二氢钾 2 千克，溶入 1 500 千克水中。

4. 田间管理

（1）**中耕培土** 及时中耕培土，可促进三樱椒根系生长发育，提高土壤温度，有利保墒。土壤含水量较多时，中耕还可散湿，有利根系生长。

（2）**追施肥料** 如基肥充足，可根据植株长势适当追肥。可亩追施碳酸氢铵 50～60 千克，过磷酸钙 50～60 千克，硫酸钾 20～30 千克。如进行叶面喷肥更好，可喷 0.3% 的氮、磷、钾三元素（各含 16%）复合肥水溶液，生育期可喷 3～5 次。

（3）**浇水排水** 三樱椒根系浅，怕旱怕涝，特别是盛果期，如缺水，产量会严重受影响。应小水勤浇，保持土壤湿润。高温天气忌中午浇水，以免降低土壤温度，造成落叶、落花、落果。

（4）**摘心打顶** 三樱椒枝型层次明显，一为主茎果枝，二为侧枝果枝，三为副侧枝果枝。其主要产量为副侧枝的果实组成，因此，主茎一现蕾应进行人工摘心，促发侧枝。副侧枝若发生晚，果实不能成熟，应及时摘除。

5. 及时收获 三樱椒正常转红成熟后，于霜降前及时收获，以减少田间不必要的损失。

第十三讲
棚室建造中容易出现
的问题与对策

近几年全国各地的瓜菜种植取得了很大的经济效益，但是很多农户在棚体建设上还存在很多问题，结构欠合理，技术不到位。蔬菜大棚的建造分多个环节逐步完成，而且环环相扣。假若某一建棚环节不够合理，便有可能影响其使用效果，就会导致棚体采光不均，抗风雪能力不强，使用年限短等。

一、墙体建造

问题一：墙体滚压不实、切面不平整。

墙体地基不实，下雨凹陷，表土易流失；墙体内表面凹凸不平，有裂缝。实践证明，温室墙体质量的好坏直接关系到其使用寿命的长短。况且，近几年，温室建造是向着棚更高、更宽、无立柱的方向发展，这就进一步要求温室墙体牢固性更强、稳定性更好。

对策：温室的墙底宜先用推土机压实，以防地基下沉。然后，再用挖掘机上土，并且每上 50 厘米厚的松土，就用推土机来回滚压至少 3 次。建造的后墙高度以 4.5 米为宜，最后把墙顶用推土机压实。另外注意，用挖掘机切棚墙时，要有一定的倾斜度，上窄下宽，倾斜度以 6°～10°为宜，并且墙面要平整。

问题二：后屋面夹角小、覆盖（防水保温）材料方法不对。

后屋面夹角小，太阳光会在后墙上留下阴影，影响棚内光照。后坡覆盖材料不恰当，就会影响后坡保温性，外面受雨水冲刷使用寿命就会降低。

对策：

（1）棚室后屋面与水平线的夹角适当 可根据当地冬至日中午太阳高度角确定，一般以 35°～40°为宜。

（2）铺拉钢丝 因"后屋面"承载力过大，需密集铺拉钢丝，以钢丝间距 8～10 厘米为宜。

（3）覆盖保温、防水材料 覆盖方法：第一，选一宽为 5～6 米、与棚同长的新塑料薄膜，一边先用土压盖在距离后墙边缘 20 厘米处，而后再将其覆盖在后屋面的钢丝棚面上。第二，把事先准备好的草苫或毛毡等保温材料依次加盖其上。为提高保温效果，加盖的保温材料以一层草苫＋一层毛毡为宜，寿命长且经济实惠。第三，为防雨雪浸湿保温材料，需再把塑料薄膜剩余部分"回折"到草苫和毛毡之上。

（4）**后屋面堆土** 从棚一头开始，使用挖掘机从棚后取土，然后将土一点点地堆砌在后屋面上，每加盖 30 厘米厚的土层，可用铁锹等工具拍实，且要保持南高北低。后屋面上土不要过多，否则会增加后坡面的承载力，降低安全系数。

（5）**用薄膜覆后墙** 在平整好后屋面土层后，最好使用一整幅新塑料薄膜覆盖后墙。在之上加盖一层无纺布等防晒材料，即可延长后墙使用年限，又能起到防除杂草的作用，避免通过放风口传播虫害及病害。最后，棚顶和后墙根两处各东西向拉根钢丝将其固定，或用编织袋装满土每隔 1 米压盖一次。

问题三：立柱埋设不当，抗压性能降低。

立柱埋设不直、不稳，牢固性差，致使棚体抗压性能降低。

对策：在大棚建造方面，还有一个非常重要的环节，那就是埋设立柱。立柱点的选择要把握横成一线、竖成一线的原则。在具体操作上，多采取"拉线"法进行。立柱埋设时，其底部土壤中的固定非常重要。立柱的固定性决定了棚体的牢固性，如果立柱固定不好，轻则造成棚体凹陷，重则造成棚体整体塌陷。首先，立柱埋设前需要踏实土壤。在立柱埋设的附近用水灌一下，水灌上后土壤会有一定程度的下陷，然后将土壤踩实之后再打眼取洞。其次，埋设的深度掌握在 50 厘米左右，洞眼的底部要垫上一块砖头，以免立柱塌陷。

二、各项参数比例

问题一：高跨比偏小，温室前屋面仰角偏小。

温室和大棚的高跨比是指棚体的脊高与跨度的比值。在实际生产中，棚室的高跨比一般比较少，即高度不高，跨度过大。这样形成的棚面弧度较大，表面偏平，抗雪能力较差；高跨比偏小，前屋面仰角就会较小。

对策：温室和大棚的高跨比直接影响棚面弧度，影响前屋面仰角的大小。弧度小时，高跨比大，这样抗雪能力好，抗风的能力较差；弧度大时，高跨比小，抗风能力较好，抗雪能力较差。所以在建设棚室时要参照棚室建造的合理参数进行。温室的高跨比一般为 1：2.2 为宜，前屋面仰角在 25 ℃以上；大棚的高跨比一般为 1：（4～5）为宜。

问题二：棚体过长，内部净面积增大。

有的农户为了扩大棚室面积，建造的温室或大棚长度超过了 120 米，甚至达到了 150 米，内部净面积达到了 3 亩左右。站在棚内的一端，一眼望不到那边。棚体过长，棚内操作会有不便，尤其是采果运输更是不便。

对策：建设温室或大棚不要过长，一般长度 100 米左右，棚内面积 1.5～2.0 亩即可。另外，建造时也要结合地块形状、长短和宽窄要因地制宜，但各项指标要在温室或大棚的合理结构参数的范围之内。

问题三：棚与棚之间的间距偏小。

温室一般坐北朝南，农户为了充分利用土地，南北方向建设前后排温室间距偏小，有的仅有 3 米左右。这样在冬季的时候，前排温室就会遮阳于后排温室，影响后排温室光照，进而影响棚内温度的提升；大棚一般东西并排、南北延长，农户为了不浪费土地，建设时东西排大棚间距仅留 1 米，这样为以后的排水、行走操作造成不便。

对策： 温室前后排的间距应由三个因素，即温室高度、太阳高度角和太阳方位角来决定。为了避免前排温室对后排温室遮阳，两者之间需要有个合适的距离，通常是以冬至日不对后排温室形成遮阳为度。根据当地冬至正午的太阳高度角和三角形函数的相关公式计算，前排温室的高度（最高点垂直于水平地面的距离）与阴影长度的比例应在 1：2 以上，也就是说前排温室高度为 3 米时，后排温室距前排温室的距离要达到 6 米以上。

三、用材

问题一： 使用劣质立柱。

建棚时，"偷梁换柱"使用劣质立柱的情况主要有以下几个方面：

（1）换用细钢筋　水泥立柱的抗压程度主要取决于使用钢筋的质量，使用的钢筋越粗，其抗压程度越强。而现在生产大棚立柱的制造商为降低成本，将制造水泥立柱的钢筋由原来直径 4 毫米换成 3.0～3.5 毫米，这就大大降低了水泥立柱的抗压程度，一旦棚面的负重过大，就容易折断立柱。

（2）**使用钢筋头** 有些立柱两头外露钢筋虽然看上去粗细符合要求，但是立柱内的钢筋全部是断裂的钢筋头，这样的立柱抗压程度也会大大降低，很容易在重压之下断裂，并且大大降低使用年限。

（3）立柱中间无钢筋。

（4）使用芦苇代替钢筋。

（5）**使用未达到养护期的水泥柱** 很多建造队为加快建棚进度而使用制成仅仅 3 天左右的水泥柱，但是这些水泥柱的凝固强度还达不到 60%，与国家规定的"水泥柱制成后，晾放时间必须达到 26 天，凝固强度达到 90% 以上"的要求相差很远，从而大大降低水泥柱的抗压能力，缩短使用年限。

对策：使用直径 4 毫米钢筋并达到养护期的水泥柱。

问题二：用普通钢丝代替热镀锌钢丝。

热镀锌的钢丝，抗腐蚀、抗锈能力强，镀锌层牢固，韧性强，这样在使用铁丝将竹竿固定在钢丝上时，即使固定强度较大也不会将锌层弄坏，从而延长使用年限。棚面上的钢丝使用量越多，大棚的抗压能力越强，承重越大。因此，正规建造的大棚棚面上的钢丝最顶部每隔 15～20 厘米设置一根钢丝，越向下钢丝间距越大，靠近大棚前脸的钢丝间距能够达到 35 厘米左右。

对策：必须使用热镀锌钢丝。

问题三：用普通钢管代替镀锌钢管。

对于第一年建棚的菜农来说，他们对这些不了解，看到钢管代替普通的竹竿就认为不错了，但镀锌钢管有镀锌层，能起到很好的防锈作用，同时这种钢管的强度大，抗压能力强，而普通的建筑用钢管在刚开始时表面也很光亮，不容易与镀锌钢管区分，但它的抗压能力小，并且因为棚内湿度大，普通钢管在大棚内使用后容易被水侵蚀生锈，使用时必须进行刷漆防锈，使用 2～3 年油漆会出现脱落，必须重新进行刷漆以延长使用年限才行。

对策：必须使用热镀锌钢管。

问题四：使用劣质棚膜。

劣质棚膜延展性能较差，保温性能也差，易被大风撕破，实践证明多数倒塌的大棚其棚膜质量都较差。大棚使用优质棚膜非常重要，其原因：一是优质棚膜可增加透光率，提高棚温，利用蔬菜生长。二是闭棚后，能消雾、流滴，降低棚内湿度，减轻蔬菜病害发生，如黄瓜霜霉病等。三是优质棚膜抗老化，高温、低温对其影响甚微。

对策： 使用优质棚膜。

在每年的休棚期一定要加强棚体养护。老棚要及早更换新棚膜；新棚宜采用抗拉伸、耐老化的优质棚膜，万不可"图便宜，误大事"。另外，棚膜覆盖后，一定要固定好压膜绳，同时注意大拱棚南北两侧面的压膜绳宜用布条包裹，以免勒破棚膜。

四、配套措施

问题一： 冬季对防风、防寒、防雨雪措施重视不够。

冬季为抵御寒流，保持棚温，大棚除了覆盖草苫外，还可增设"防寒膜"，即在草苫覆盖后，再在其上覆盖一层旧薄膜。方法是从棚南端将薄膜拉上棚面，并在大棚后墙和东西墙上用物体（肥料小袋装上沙土即可）压住。此"防寒膜"不仅可以防止棚内热量向外散失，而且可防雨雪浸湿草苫。另外，冬季大风对大棚的危害也不可忽视。根据一些菜农的经验，冬季防风不妨在冬暖式大棚后墙上增设"防风后盖"。所谓"防风后盖"就是在冬暖式大棚后坡处再设一块长与"防寒膜"同长、宽约 1.5 米的薄膜,以东西向设置在大棚顶部,然后把这块薄膜的一边(宽约 20 厘米)用土盖严、压实。在放下草苫或保温被、覆盖上"防寒膜"后,再用这块薄膜把"防寒膜"盖上,就能防止北风吹入"防寒膜"内,避免将其撕破。实践证明,大棚上设置"防风后盖"成本不高,防风效果却很好。

对策:增设"防寒膜"和"防风后盖"。

问题二:夏秋季对防雨、防涝措施重视不够。

在夏秋季节,正值大棚越夏蔬菜盛果期或早秋茬蔬菜幼苗期。可是,该期雨水偏多,一些建造不合理的大棚易发生"雨水灌棚",导致瓜菜受涝灾。比如大拱棚,假若不及时关闭通风口,雨水易从此处流入棚内;而对于冬暖式大棚而言,雨水主要是从其前帘处灌入棚内。这就要求大拱棚要在雨前关闭通风口,而冬暖式大棚除了避免下挖过深(以 50~80 厘米为宜)外,宜在棚前挖设排水沟,沟宽 30 厘米、深 40厘米。

对策:合理挖设"排水沟"。

第十四讲
棚室生产中容易出现的
问题与对策

一、共性问题

（一）施肥方面

问题一：有机肥的施用量偏小，重无机肥轻有机肥。

棚室蔬菜生产是在一个特定的狭小空间进行的，菜农习惯长期种植单一的蔬菜品种，加上某种蔬菜对养分吸收的特定性，往往造成土壤微生物相对变化，使土壤养分单一化。无机肥的成分虽比较单一，但肥效快，使用方便，菜农喜欢用它进行追肥。过多施用无机肥常使土壤板结、黏重、透气性差，土壤溶液盐类浓度提高，使蔬菜正常的生理功能发生障碍，造成生理性病害的发生。

对策：棚室蔬菜施肥要注重有机肥的使用。

有机肥含有多种有效成分和微量元素。施入后，一方面可以增加土壤养分，使土地肥沃，满足蔬菜对不同养分的需要；另一方面又可以改善土壤的理化性质，增强其保水保肥的能力。此外，多施有机肥，使土壤温湿度、通透性等条件更适合腐生微生物活动，促使土壤有机质发酵，分解产生二氧化碳，起到补充二氧化碳的作用。土壤中腐生微生物的生长，还可抑制寄生物的活动，防止病虫害的发生，起到生物防治的作用。

（1）**有机肥与无机肥相结合** 根据不同蔬菜品种生长所需养分，施用蔬菜专用肥：在蔬菜播种前，一次施足经过腐熟的优质有机肥，基本满足蔬菜一生中所需的养分；在蔬菜生长季节，视需肥情况合理追施多元素复合肥或无机肥。

（2）**推广"四位一体"模式** 在蔬菜大棚地下建 $8\sim10$ 米^3 的沼气池，地上种菜、养鸡、养猪，实行种养结合。这样便形成以沼气为纽带的良性生态循环，既提供了大棚内优质有机肥，又可在棚内通过燃烧沼气为蔬菜生产提供所需的二氧化碳气肥。

问题二：化肥使用量过大。

棚室蔬菜在栽培过程中，农民化肥投入过大，造成连续种植多年的老棚土壤氮、磷有一定的积累，氮、磷、钾施用比例不协调。长期施用化肥就会造成土壤中重金属元素的累积，降低微生物的数量和活性，导致土壤板结、盐渍化、营养失调。

对策：

（1）**增加有机肥在配方施肥中的比重** 有机肥具有养分全、肥效长、无污染的特点，高效有机肥可增加土壤有机质含量，提高土壤蓄水、保肥能力，改善土壤的理化性状和团粒结构，提高农产品品质。

（2）**加大对微肥及生物肥的利用** 微肥能平衡作物所需的养分，而生物肥料又能通过自身所含有的微生物分泌生理活性物质，能起到固氮、解磷、解钾、分解土壤中的其他微量养分，提高化肥和有机肥的利用率，改善土壤的理化性状，使土壤能供给作物各种养分，促进作物生长，提高作物产量和产品品质，同时还能分解土壤中的有害化学物质和杀死有害菌群，减少化肥、农药的残留量及有害病菌。

（3）**协调大量元素与微量元素之间的关系**
人们在配方施肥中，往往重视氮、磷、钾等大量元素的使用，而忽视了微量元素肥料的施用。增施微量元素或喷施微量元素生长剂及复合生物生长剂，都能使养分平衡供应，促进作物体内营养快速转化，减少有害物质的积累，是促使作物抗病、防病并增加产量、提高品质的好方法。

（4）在施肥上要一改过去传统方式，变盲目施肥为优化配方施肥。

问题三：养分比例不平衡。

养分比例不平衡是所施肥料中氮、磷、钾养分比例不符合作物要求，没有达到调节土壤养分状况的作用造成的。施肥过程中普遍存在着"三重三轻"现象，即重化肥、轻有机肥；重氮磷肥、轻钾肥；重大量元素、轻中微量元素。由于养分投入极不平衡，使肥料利用率降低，土壤还会出现不同程度的盐害，严重影响蔬菜的正常生长，农民收入减少，同时也会造成环境污染。

对策：施肥应调整氮、磷、钾和中微量元素的比例，推广使用蔬菜专用型复合肥料，实现平衡施肥，使作物得到全面合理的养分供应，最大限度地发挥作物的增产潜力，从而达到节约肥料成本，保证蔬菜实现高产、优质、高效的目标。

问题四：过分夸大叶面肥和生长调节剂的

作用。

保护地蔬菜栽培中，适当地使用叶面肥或植物生长调节剂对于其生长发育有一定的作用，而过多施用生长调节剂或叶面肥会对植物产生不利影响。使用浓度不当或方法不正确也会引起一些中毒症状，造成生理性病害的发生。

对策：植物生长所需的养分主要是其根部从土壤中吸收来的，如果土壤中某种元素不能满足植物生长的需要，植株就表现出相应的缺素症状，施用叶面肥后可以暂时缓解这种症状，但不能夸大其作用。一般在蔬菜需肥的高峰期及蔬菜生长后期，可以结合喷药防治病虫害，多次进行根外追肥，以补充作物的养分，它只起辅助性作用。关键是要根据蔬菜的需肥特点，做到有计划施肥、配方施肥或测土施肥，来满足其正常生长所需养分。生长调节剂在应用上都有一定的条件和范围，尤其要掌握好使用的时间和浓度，不能马虎大意，否则就不能达到蔬菜增产的效果。

问题五：施肥方法欠科学。

施肥不根据蔬菜生长特点和需肥规律进行，而是盲目性、随意性很大。有时冲施、撒施、埋施，虽然施肥方法多样化，但在施肥过程中有些地方欠科学，不太合理。

对策：大力推广测土配方施肥技术。

根据蔬菜的需肥规律和各个生长阶段，合理地分期施肥，以满足作物整个生育期的养分供应，达到经济施肥的目的；底肥最好在蔬菜定植1周前施用，并且要与土壤混合均匀；追肥可以在距离植株7～10厘米的地方沟施或者穴追，追肥后要及时盖土、浇水，千万不要将肥料直接撒在地面或植株上，以免肥料挥发或烧伤蔬菜秧苗；控制氮肥，增施磷、钾肥。尿素施用后不宜立即浇水，也不易在大雨前施用，否则，尿素很容易随水流失。还要限量施用碳铵，因氨气挥发，容易引起氨害；提倡秸秆还田、施用精制有机肥，培肥地力，有利于提高化肥利用率。选用含腐殖酸的复合肥料也可起到同等效果。另外，利用滴灌设施进行追肥的方法很值得推广（肥水一体化）。即通过滴灌管道肥料即可随水自动进入蔬菜的根系周围的土壤中。由于地膜覆盖，肥料几乎不挥发、无损失，因而既安全，又省工省力，效果很好。

（二）病虫害防治方面

问题一：病害的防治上重治轻防。

在大棚蔬菜的生产过程中，往往不注意环境条件的控制及根据病害的发生规律来进行预防，而是等到发病以后再施用化学农药，并加大用量，以致防治效果降低。

对策：大棚蔬菜病害的防治应贯彻"预防为主，综合防治"的方针。

从蔬菜生产全局和菜田生态系统的整体出发，综合考虑棚内蔬菜生产多方面的有利和不利因素，抓住防病关键时期，及早预防。协调运用农业、生物、物理、化学等防治措施，综合防治蔬菜病害。

（1）**选择抗病品种** 播前进行种子处理，消灭病原菌，培育无病壮苗。

（2）**嫁接栽培** 如利用黑籽南瓜作为砧木，选用亲和力较好的黄瓜作为接穗，增强抗病能力。

（3）**高温闷棚** 选择晴天中午封闭大棚2小时，使棚内温度很快升至47℃，可消灭植株上和土壤表面的病原物。

（4）**对症防治** 根据各种病害的发生规律，找出薄弱环节，做到对症下药、科学用药，适期防治。

问题二：重化学防治，轻农业、物理、生物防治。

大多数菜农在病虫害的防治上单纯依靠化学防治，只注意喷洒农药治病、灭虫，不注意运用农业、生态、物理等综防措施，不注意提高作物自身的抗逆性、适应性，使作物自身对病虫危害产生较强的免疫力。

对策：病虫害的预防要从蔬菜播种前就要开始做好准备，从棚室的消毒，土壤的处理，种子的浸种、催芽，育苗等各方面充分做好防护，很大程度上就可以提高苗的抗病、抗逆、适应能力；栽培生产过程中，采用地膜覆盖、高垄栽培、膜下暗灌、放置粘虫板和防虫灯、使用防虫网、及时开合放风口等措施，能显著提高蔬菜自身对病虫危害及各种恶劣的环境条件的适应性和抗逆性，对病害产生较强的免疫力，不得病、少得病。既减少了用药，降低了成本，又提高了产量、品质，增加了经济效益。

问题三：药剂使用不科学。

部分菜农为了追逐更高的经济利益，不顾法律法规非法使用一些蔬菜上明确规定禁止使用的高毒、高残留农药和一些无公害蔬菜禁止使用的农药，造成大量的有毒蔬菜注入市场，对蔬菜生产和市场供应造成很大的不良影响；此外，农药使用不科学还表现在使用时间、剂量和安全间隔期上。如果盲目增加农药用量或增加使用次数，会对蔬菜的食品安全造成较大的影响。没有掌握好农药安全间隔期是当前农药对蔬菜食用安全性的主要威胁。

对策：

（1）**加强法律法规的宣传** 加强宣传，提高菜农的无公害种植意识，杜绝使用国家明确规定蔬菜上禁止使用的高毒、高残留农药。

（2）**合理使用化学农药**

① 选择高效、低毒、低残留农药，严格按照农药安全使用规程施药，不随便增加浓度和施药次数。还要注意最后一次用药的日期距离蔬菜采收日期之间，应有一定的间隔天数（即安全间隔期），防止蔬菜产品中残留农药超标。

② 对症下药。密切观测病虫害的发生和发展情况，选择对症农药使用，确定并掌握最佳防治时期，做到适时适量用药。使用时严格掌握用药量、配制浓度和药剂安全间隔期。提倡选用微生物农药或生化制剂，如多抗霉素、井冈霉素、农抗120、浏阳霉素、农用链霉素等。既能防病治虫，又不污染环境和毒害人、畜，且对天敌安全，害虫不产生抗药性。

③ 合理混配药剂。提倡不同类型、种类的农药合理交替和轮换使用，可提高药剂利用率，减少用药次数，防止病虫产生抗药性，从而降

低用药量，减轻环境污染。但农药混配时要以保持原药有效成分或有增效作用，不产生剧毒并具有良好的物理性状为前提。一般各种中性农药之间可以混用；中性农药与酸性农药可以混用，酸性农药之间可以混用；碱性农药不能随便与其他农药（包括碱性农药）混用；微生物杀虫剂（如 Bt 乳剂）不能同杀菌剂及内吸性强的农药混用。否则就会影响药效的发挥，达不到防治的目的。

问题四：喷药技术掌握不当。

大部分农户在使用农药过程中，不注意喷药的时间、喷药的部位及喷药的方式等细节，致使没有充分发挥药效。

对策：

（1）**喷药要全面** 喷药时应做到不漏喷、不重喷、不漏行、不漏棵。从植株底部叶片往上喷，正反面都要喷均匀。

（2）**喷药时要抓住重点** 中心病株周围的易感植株要重点喷，植株中上部叶片易感病要重点喷。

（3）**确定好喷药时间** 一般情况下光照强、温度高、湿度大时，作物蒸腾作用、呼吸作用、光合作用较强，茎叶表面气孔张开，有利于药剂进入，另外湿度大叶表面药液干燥速度慢，药剂易吸收而增强药效。但是光照过强、温度过高易引起药剂光解或药害，因此中午前后不宜喷药。一般应于上午用药，夏天下午用药，浇水前用药，保证用药质量。

问题五：病残体处理不到位。

多数棚区的蔬菜残枝败叶堆积在道边，这样一方面造成气传病害的蔓延和再侵染，如灰霉病、霜霉病菌随风飘移；另一方面通过人脚、农事操作等传带细菌，特别是根结线虫病；同时，大多数菜农不注意或极少注意封闭棚室，各棚室之间的操作人员经常相互串走，随便进入对方棚室，给病菌、害虫的传播提供了方便、提供了媒体。

对策：

(1) **清洁田园** 将棚室的残株、烂叶、烂果和杂草清除干净，运至棚外焚烧或深埋集中进行处理，切断病虫的传播途径。

(2) **清洗双手** 触摸病株后要清洗双手，以防双手带菌传播。

(3) **棚与棚之间减少串走次数** 菜农在操作时，病菌会从植株上传到人身上，这样再进入其他菜棚时，就会把携带的病菌再传给新植株。所以，棚与棚之间尽量不要串走。

（三）种植管理方面

问题一：种植品种杂乱。

优良的蔬菜种类和品种是获得较好经济效益的基础，一些生产者没有掌握设施栽培的特点或没有全面了解所选蔬菜种类、品种的特性等，盲目发展，盲目选蔬菜种类、品种。有些菜农接受新品种、新技术慢，导致棚区内品种种植杂乱，不成规模。

对策：种植蔬菜品种要以市场为导向，选择当地市场受欢迎的品种。还要根据自身种植的设施类型和茬次安排业确定所需的品种，冬季生产要选择耐低温、耐弱光、高产且抗病、抗逆性好的品种；夏季生产要选择耐高温、抗病虫、产量高的品种等。种植前要掌握蔬菜品种的特性、栽培要点，还要与周边蔬菜基地（园区）种植模式、品种、茬次等相对一致，从而实现规模种植和统一管理、统一销售。

问题二：栽植密度大，形成旺长弱株。

温室大棚栽培，设施投入较大，往往会产生尽可能利用空间的心理，想通过增加栽植密度取得高产，加上肥水量过早过大，容易形成过密旺长弱株，造成不好坐果，或畸形果多，或果小甚至果苦等。同时，生长过旺形成茎裂、茎折等现象。如茄子等。

对策：合理密植。根据不同瓜菜特性合理定植。

问题三：定植后形不成壮根苗。

温室大棚瓜菜生产多为移栽苗，移栽后一般气温高，地温较低，栽后往往促长心切，地上部生长过旺，地下部形不成壮根，等后期植株大时，水分和养分往往供应不上，轻微时形成花少、果少，果发育不良，果小、木栓化，茎裂；严重时把植株拉死造成生理死亡。

对策：栽植 30～45 天内注意壮根防旺长。

问题四：蔬菜科学管理不够。

多数菜农仅凭经验种植蔬菜，对蔬菜的生长特性和适宜环境不太熟悉，对蔬菜生长所需的温、光、水、肥等栽培细节管理得不到位，没有充分挖掘蔬菜的增产潜能。

对策：在设施蔬菜生产过程中要不断积累经验，掌握系统的栽培管理技术，了解蔬菜的生长发育特性，科学调控温、光、水、肥、气等环境条件，给蔬菜创造一个适宜的生长环境，从而获得较高的经济效益。

（1）采用高垄定植、地膜覆盖栽培模式

农谚说得好："壮棵先壮根，壮根提地温"。番茄、茄子、辣椒等茄果类蔬菜属喜温作物，根系较浅，呼吸强度大，采用高垄栽培，能扩大受光面积，上层土壤温度较高、透气性好，浇水时浇沟洇垄，能增强抗旱、排涝的能力。并能在白天吸收更多热量，有利于提高地温。同时不会湿度过大，有利于茄果类蔬菜根系生长。采用起垄定植后再结合地膜覆盖，能增温保温、保水保肥、增加反光照等，是一种值得推广的栽培模式。菜农在覆盖地膜时，最好不要选用黑色地膜，因为黑地膜除了有除草作用外，它不透光，地温升高慢。

（2）**浇水时小水勤浇**　不论是茄果类蔬菜还是瓜类蔬菜，都不适宜大水漫灌。如果冬季棚内浇水过大，棚内湿度过高，蒸发量较大，造成棚内蒸汽较多，附在薄膜上之后，势必就会阻碍光照，影响透光性；一次性浇水过大，还会使作物的根系受到伤害，造成土壤透气性不良，降低地温，引发沤根、根腐病等根部病害。那么，浇水时浇到什么程度才合适呢？一般在浇水 6 小时后，垄全部洇湿时，浇水量才最为适宜。另外，茄果类蔬菜本身需水量小，在浇水时，一定要控制浇水次数，控制浇水量。

冬季浇水选晴天上午进行，不在傍晚，不宜在阴雪天；冬季棚内灌水温度低，放风量小，水分消耗少，因此需小水勤灌；棚内采用膜下暗灌和提倡微灌技术。这样可以有效控制棚内湿度，减轻病虫害的发生，微灌还可以减少肥料流失；冬季灌后当天要封闭棚室以迅速提高室温。地温提升后，及时放风排湿。苗期浇水后为增温保墒，应进行多次中耕。

(3) 平衡施肥

① 根据蔬菜生长需肥规律，适时适量平衡施肥。不少菜农在蔬菜定植缓苗后就追肥，尤其是猛追氮肥，结果造成植株徒长、不坐果等现象。有些菜农试图喷洒抑制剂解决旺长棵不坐果现象，喷轻了不管用，而喷重了往往造成田间郁闭、果实发育缓慢现象。所以，茄果类蔬菜苗期应以控为主，一般番茄在第一穗果长到核桃大、辣椒门椒坐住、茄子门茄坐住后才可追肥，追肥时量不宜过大，每亩追 15 千克即可。

② 平衡施肥。不少菜农朋友在施肥时只注重氮、磷、钾肥的施用，忽视了钙、镁等肥料的施用，尤其是在施用氮肥量过多的情况下，会抑制植株对钙肥的吸收，造成茄果类蔬菜脐

腐病、瓜类蔬菜烂头顶逐年加重。有些地区因缺镁，导致植株下部叶片变黄；缺硼易造成落花、落果；缺锌和铁易造成植株顶部叶片变黄，失去营养价值，都会造成大幅度减产。所以，施肥时要做到平衡施肥，不仅施用氮、磷、钾肥，也要注重钙、镁等大量元素和锌、硼、铁等微量元素肥料的施用。如苗期主要供应氮、磷肥，花期增加钙、硼肥，果实期增施钾肥。

(4) **合理进行环境调控** 冬暖大棚环境调控很重要，应从以下几个方面综合进行。

① 温度调控。菜农应充分了解所种作物的生物学特性，按其特性进行管理。尤其在温度管理方面，倘若不了解作物所需的温度，一概而论，肯定不会获得高产。如苦瓜、豇豆等属于高温作物，这些作物在开花坐果期要求白天温度在 $30\sim35\ ℃$，最低温度不能低于 $28\ ℃$，如果温度达不到，产量将会大幅度降低；茄果类蔬菜要求的温度则相对低一些。番茄白天温度 $24\sim26\ ℃$，前半夜 $15\sim17\ ℃$，后半夜 $10\sim12\ ℃$ 生长发育较好；黄瓜白天温度 $25\sim28\ ℃$，前半夜 $16\sim18\ ℃$，后半夜 $12\sim13\ ℃$ 生长发育较好。管理上要区别对待，千万不可照葫芦画瓢。

② 适时揭、盖草苫。在温度不会严重降低

时，适当早揭晚盖草苫，最好配备卷帘机。日出揭开草苫，如外界温度过低，可把温室前部1.0～1.5米草苫先揭开，温度升高后再全揭开，使蔬菜充分接受光照。

③ 阴天也要拉草苫。在阴天时，只要温度不太冷，尤其是连阴天，需把草苫揭开接受散射光，但可以缩短光照时间。

④ 挖防寒沟。冬季气温较低，于棚前脚1米处挖一道东西向、与大棚等长、半米宽、与当地冻土层一样深的防寒沟，在沟内先铺上一层薄膜，然后再塞满干秸秆，这样就能起到很好的保温效果。

⑤ 适时放风。一般在中午温度超过蔬菜生长温度时放风，如番茄、黄瓜在28℃时放风。在冬季低温时期，晴天即使温度没有达到也要通风；阴天适当通风排湿，有利于升温和防病。中午风口关闭早，盖草苫前1小时左右适当放风。

⑥ 经常打扫棚膜。要经常打扫和清洁棚膜外表面的灰尘和积雪，及内表面的水滴，可以提高透光率5%～15%；要注意蔬菜的合理密植，及时清除植株下部的老叶，增加空气流通，促使温度均匀。

⑦ 连阴天骤转晴后回苫喷水。连阴天骤转晴后按平常晴天揭开草苫，由于地温低，根系吸水困难造成棚内蔬菜闪秧死棵。那么，可采用"揭花苫、喷温水"的措施来防蔬菜闪秧，即：揭草苫时不要全棚揭开，而是隔一床揭开一床。揭开草苫相对应的蔬菜会受到直射强光照，一般在拉开草苫 10～15 分钟后就会出现萎蔫，及时往植株上喷洒 20 ℃左右的温水，然后再放下草苫，重新揭开第一遍没有揭开的草苫，让没有接受强光照的蔬菜也接受强光照，用同样喷温水的方法促其恢复正常生长，如此反复进行几遍，棚内的地温如果达到了 20 ℃，蔬菜见到强光后就不会再出现萎蔫症状，可以全部揭开草苫。第二天恢复正常管理。

（5）不要过分依赖激素　在蔬菜栽培管理中，应从水、肥、气、热等方面加以调节，来促进作物营养生长与生殖生长协调，不要一味地依赖激素控制。如果在作物上长期使用激素的话，极易导致作物早衰。所以在蔬菜栽培管理中，应从根本上调控植株长势，才能获得良好的效果。我们可以从深翻土壤，改善土壤透气性方面入手，可把操作行用铁锹翻 5～7 厘米，再撒入少量化肥和微量元素，再趁此遛一小水，

7 天后就可看见很多根扎入土壤中，15 天后植株即可恢复正常生长，这样做增加了营养面积，土壤透气了，根也就生长了，能解决植株早衰问题。

(四) 连作障碍

问题：蔬菜栽培中连作障碍多。蔬菜连作障碍是指同种蔬菜在同一地块上连续栽培，即使进行常规肥水管理，也会引起植物生育不良、产量下降、品质变劣的现象。

(1) **病虫害加重** 设施连作后，由于其土壤理化性质以及光照、温湿度、气体的变化，一些有益微生物（氨化菌、硝化菌等）生长受到抑制，而一些有害微生物迅速得到繁殖，土壤微生物的自然平衡遭到破坏，这样不仅导致肥料分解过程的障碍，而且病虫害发生多、蔓延快，且逐年加重，特别是一些常见的叶霉病、灰霉病、霜霉病、根腐病、枯萎病和白粉虱、蚜虫、斑潜蝇等基本无越冬现象，从而使生产者只能靠加大药量和频繁用药来控制，造成对环境和农产品的严重污染。

(2) **土壤次生盐渍化及酸化** 设施栽培施药量大，加上常年覆盖改变了自然状态下的水分平衡，土壤长期得不到雨水充分淋浇。再加上温度较高、土壤水分蒸发量大，下层土壤中的肥料和其他盐分会随着深层土壤水分的蒸发，沿土壤毛细管上升，最终在土壤表面形成一薄层白色盐分即土壤次生盐渍化现象。同时由于过量施用化学肥料，有机肥施用又偏少，土壤的缓冲能力和离子平衡能力遭到破坏而导致土壤 pH 下降，即土壤酸化现象。造成土壤溶液浓度增加使土壤的渗透势加大，农作物种子的发芽、根系的吸水吸肥均不能正常进行。

（3）**植物自毒物质的积累**　这是一种发生在种内的生长抑制作用，连作条件下土壤生态环境对植物生长有很大的影响，尤其是植物残体与病原物的代谢产物对植物有致毒作用，并连同植物根系分泌的自毒物质一起影响植株代谢，最后导致自毒作用的发生。

（4）**元素平衡破坏**　由于蔬菜对土壤养分吸收的选择性，某些元素过度缺乏，而某些元素又过多剩余积累，单一茬口易使土壤中矿质元素的平衡状态遭到破坏。营养元素之间的颉颃作用常影响到蔬菜对某些元素的吸收，容易出现缺素症状，最终使生育受阻，产量和品质下降。

对策：

（1）应用秸秆生物反应堆技术 秸秆在微生物菌种净化剂等作用下，定向转化成植物生长所需的二氧化碳、热量、有机和无机养料，在反应堆种植层内，20厘米耕作层土壤孔隙度提高1倍以上，有益微生物群体增多，水、肥、气、热适中，对大棚蔬菜地土壤连作障害有治本的作用。

（2）增施有机肥 有机肥养分全面，对土壤酸碱度、盐分、耕性、缓冲性有调节作用。

① 大棚蔬菜地每季施优质农家肥每亩30米^{3}为宜。

② 采用秸秆覆盖还田、沤肥还田技术，可起到改土、保湿、保墒作用。

③ 施用含有机质30%以上的商品生物有机复合肥每亩150～200千克。因其养分配比合理，又含有较多的有机质成分，可满足蔬菜营养生长期对养分的需求。而后追施氮、钾冲施肥即可。

（3）平衡施肥 化肥施用不合理，尤其是氮肥施用过多，是连作蔬菜大棚土壤障害的主导因素。因此平衡施肥是大棚蔬菜生产、高产、优质、高效的关键措施。

① 氮、磷、钾肥合理施用。总的原则是控

氮、稳磷、增钾。一般块根、块茎类蔬菜以磷、钾肥为主，配施氮肥；叶菜类以氮肥为主，适施磷、钾肥；瓜果类蔬菜以氮、钾肥为主，配施磷肥。施用上氮肥、钾肥 50% 作为基肥，磷肥 100% 作为基肥。基肥应全层施用与土壤充分混匀，追肥则结合灌溉进行冲施或埋施。

② 可适量施用高效速溶微肥和生物肥料，以防止缺素症的发生。

③ 根据作物生长不同时期养分需求规律，结合灌水补施相应的冲施肥。

(4) 合理轮作倒茬 利用不同蔬菜作物对养分需求和病虫害抗性的差异，进行合理的轮作和间、混、套作，也可以减轻土壤障害和土传病害的发生。

(5) 深翻消毒 深翻可以增加土壤耕作层，破除土壤板结，提高土壤通透性，改善土壤理化性状，消除土壤连作障害。结合深翻整地用棉隆颗粒剂进行化学消毒，也可有效减轻连作障害的发生。

(6) 调节土壤 pH 蔬菜连作引起土壤酸化是一种普遍现象，每年对棚内土壤要作一次 pH 检测，当 pH ≤ 5.50 时，翻地时每亩可施用石灰 50～100 千克，与土壤充分混匀，这样不但可提高 pH，还对土壤病菌有杀灭作用。

二、个性问题

（一）温室黄瓜生产中存在的问题与对策

问题一：品种选用不当。

选品种时没有按栽培季节合理选择耐低温、耐弱光和抗性强的适宜品种。

对策：选用高产、优质、耐低温、耐弱光、抗病品种。

要依据生产条件选择适宜品种。如津春 3 号、津春 4 号、津绿 3 号、甘丰 11、津优 2 号等品种具有坐果节位低、早期产量高、瓜条直、瓜把短、商品性能好和抗霜霉病、白粉病、灰霉病等特点，适应秋冬茬、早春茬栽培。

问题二：土壤肥力低，施肥不合理。

对于新建温室来说，由于大多数农户在打建温室过程中为了省时省工，将耕层熟土全部用于打建墙体，使得温室土壤肥力降低，土质坚硬僵化，有机质含量低，氮、磷、钾比例失调，与当季黄瓜生产所需肥力相差甚远。另外，有的菜农在施肥上施用未充分腐熟的有机肥，由于温室内温度较高，未经发酵的有机肥施入后迅速分解挥发，释放出的氨、二氧化硫等有毒气体不能及时排出，对黄瓜生长造成影响。再加上施肥的不合理性，致使土壤盐渍化，促使黄瓜生理性病害如黄瓜花打顶、化瓜、畸形瓜、苦味瓜等加剧，黄瓜产量品质下降。

对策：

（1）**增施腐熟有机肥、培肥地力** 有机肥丰富的有机质能改善土壤理化性质，提高土壤保肥供肥能力。因此，为了获取高产、优质、高效的黄瓜，菜农在施基肥时应以充分腐熟的有机肥为主，并施入一定量的化学肥料，结合翻地，可以提高土壤肥力，改善土壤结构，活化土壤，增加黄瓜根系吸收水分和养分的能力。

（2）**化学肥料平衡施用** 黄瓜是陆续采收的蔬菜，生长期长，需肥量大，要获得高产单靠基肥远远满足不了需要，必须少量多次平衡追肥，以增强黄瓜对病虫害以及恶劣天气抵抗力。一般在根瓜收后结合灌水开始第一次追肥，每次亩追尿素 10 千克，磷酸二氢钾 5 千克，此后每浇水 2～3 次追肥一次。并结合根外追肥，一般在结果盛期每隔 7～10 天叶面喷磷酸二氢钾或喷施宝一次。

问题三：浇水不及时，浇水方法不当。

温室黄瓜适宜在土壤温度相对较大、空气

湿度相对较小的环境里生长。但目前生产上，一部分温室由于滴灌设施不配套而采用膜外浇水，大水漫灌，造成温室内空气相对湿度居高不下，长时间在 85% 以上，黄瓜叶片、叶柄、茎蔓、花上常形成水膜或水滴，既影响呼吸，又为病菌孢子萌发侵染创造了十分有利的条件。

对策：合理灌水。

温室黄瓜灌水要合理适时，先应浇足底墒水，浇好定植水，根瓜采收前一般不浇水，要蹲苗，根瓜采收后应及时浇水，应注意一次浇水量不宜太多，应少量多次。秋冬茬黄瓜一般 10～15 天浇一次水，每次每亩 15 米³ 左右。早春随外界气温的回升和光照时间的延长，需水量不断增大，应缩短浇水时间，7～10 天浇一次水，亩灌水量增加 1 倍达到 30 米³ 左右。浇水最好选晴天上午特别是严冬和早春，不但灌水当天为晴天，而且要连晴几天，一定要在浇水前 1 周将外界井水引到蓄水池蓄热升温，水温保持在 15℃ 以上，不低于 10℃。灌溉方式最好采用滴灌、膜下暗灌，切忌大水漫灌，总之，温室黄瓜浇水要根据天气、地墒、苗情灵活掌握，适时调整，既要保证水分充足供应，又要避免因浇水不当而使地温骤降，空气湿度增大，导致病害的发生。

问题四：病虫害防治不及时。

日光温室生产时间长，多处于低温高湿或高温高湿的环境，诱发各种病害的发生和流行，因而病虫害发生较露地早、危害重、种类多，而大部分农产对日光温室病虫害的发生规律和特点不掌握。

对策：落实病虫害的综合防治措施。

温室黄瓜主要病害有霜霉病、灰霉病、疫病、根腐病及细菌性角斑病和苗期猝倒病，虫害有蚜虫、白粉虱、美洲斑潜蝇等。在病害防治上本着"预防为主，治早治少，综合防治"的原则，采取综合措施。

选用抗病新品种，并做种子消毒，加强栽培管理，及时清洁棚内环境，合理浇水施肥。猝倒病可用 72.20% 霜霉威水剂 400 倍液或 20% 甲基立枯磷 1 200 倍液浇施；灰霉病用 50% 腐霉利可湿性粉剂 1 000～1 500 倍液或 40% 嘧霉胺可湿性粉剂 800～1 200 倍液防治。霜霉病可用 72% 锰锌霜脲可湿性粉剂 600～750 倍液防治。

（二）早春茬大棚西瓜生产中存在的问题与对策

问题一：种植品种单一，西瓜价格悬殊。

生产中主栽品种为京欣 1 号、京欣 2 号，特色品种少。

对策： 注意引进新、特、优品种，实行品牌战略。

在大面积种植京欣 1 号的同时，可适当引进小型、黑皮、黄瓤、无籽、特味西瓜品种，如特小凤、红小玉、蜜黄 1 号、黑美人、荆杂 512 奶味西瓜等。随着种植面积的扩大，产量增长速度较快，而以降低价格来促进消费必然会影响瓜农的经济利益。所以，必须统一包装、统一标识，注重品质，树立好品牌形象，增强市场竞争力，使种植面积再上新台阶。

问题二： 保温措施少，前期温度低。

每年 4 月底 5 月初，早春大棚西瓜开始上市，而早春露地地膜覆盖西瓜 5 月下旬上市，上市时间集中，从而影响了大棚西瓜的经济利益。

对策： 采用多层覆盖，提高前期温度。

在塑料大棚内，推行用银灰色双面膜做地膜，上扣小拱棚，傍晚加盖草苫，然后再加盖 1～2 层塑料膜做天棚，有良好的增温、保温效果。使用银灰色双面膜做地膜还能起到防病、防蚜虫、白粉虱的效果。

问题三： 结瓜率低，坐瓜节位高且不整齐。

对策： 降低坐瓜节位，提高坐瓜率，确保一蔓一瓜是提高前期产量、增加经济效益的关键。

（1）中小型西瓜品种应改爬地栽培为吊蔓栽培，提高种植密度，是获得高产、高效的前提条件。京欣1号为早熟品种，果实发育期为28～30天，单瓜重3～4千克，生产上一般为2～3千克，适合吊蔓栽培。大棚吊蔓栽培，行距130厘米，株距45厘米，每畦双行栽植，每亩栽1 200～2 000株，灌水易引起土壤降温，棚内空气湿度大，病害流行，可在地膜覆盖的畦埂上设上宽30厘米、下宽15厘米、深15厘米的沟，实行膜下暗灌。

（2）人工授粉，提高坐瓜率，保证坐瓜整齐一致。去掉第一雌花，从第二雌花开始授粉。早晨7～9时，采摘开放的雄花涂抹雌花，一朵雄花可涂抹2～3朵雌花。若遇低温降雨天气，可喷洒坐果灵提高坐瓜率，也可在授粉前3天用硼砂0.15千克、磷酸二氢钾0.15千克混合兑水100千克叶面喷施，也能提高坐瓜。

授粉时应注意：授粉量大且均匀，保证西瓜瓜形圆正，每株授粉2个雌花，以利于选择定瓜。一般为一蔓一瓜，及早去除病瓜、畸形瓜，定瓜后，在坐瓜节位上2～3片叶摘心。

问题四：品质差，尤其是嫁接西瓜，瓜瓤松软，甜度不够，口感差。

对策：运用综合措施，提高西瓜品质。

（1）选用合适的砧木 选用葫芦或瓠瓜做砧木，忌用黑籽南瓜，以保持西瓜的原有风味。

（2）重施腐熟有机肥，增施磷钾肥，提高含糖量 基肥每亩施充分腐熟的鸡粪、猪粪或土杂肥2 000千克，饼肥50千克，硝酸磷肥40千克，硫酸钾20千克，充分混合，一半撒施地表，深耕施入，一半结合整地，做畦施入。定植时，每亩穴施饼肥20千克、草木灰5千克。80%的西瓜鸡蛋大小时，施三元复合肥15千克。结瓜期可用0.3%磷酸二氢钾结合喷药进行叶面喷施，每7～10天一次，连喷2～3次。施肥结合暗沟灌水进行，采收前10天必须停水。

（3）严格控制棚内温度，保持10℃的昼夜温差 一般坐瓜期白天温度保持在25～28℃，不高于32℃，夜间温度保持在15℃左右。

（4）采用塑料袋套瓜，提高西瓜商品性 定瓜后，喷800倍液退菌灵消除果面病菌，然后依品种、单瓜重选择大小合适的白色塑料袋套瓜，用回形针别住袋口，并结合吊瓜将上端固定到铅丝防止下滑。减少虫瓜率和病瓜率，显著减少药物残留，瓜面光洁鲜亮，有效提高果品商品性，增加经济效益。

（5）**采用综合措施防治病虫害** 积极在大棚内推广使用粉尘剂，禁止使用剧毒、高残留农药。应树立预防为主、治病为辅的思想，克服"无病不离，小病不治，大病重治"的错误做法。大棚内使用粉尘剂喷粉法较喷雾法省时、省工、高效，且不会因喷雾造成湿度过大而导致病害流行。西瓜在嫁接的情况下，主要病害为炭疽病、白粉病，虫害有蚜虫、白粉虱、根结线虫、根蛆等。西瓜炭疽病、白粉病可用5%百菌清粉尘剂、噁霉灵等交替施用。蚜虫、白粉虱用5%灭蚜粉、乐果等交替使用。

（三）早春大棚番茄生产中存在的问题及对策

问题一：施肥不当。

有些地块底肥施用数量少，不能为生长发育提供足够的养分供应，土壤肥力逐年下降。施用追肥时氮肥偏多、钾肥不足，在果实膨大期追肥不及时，造成果实个小、品质差和易感病虫害。

对策：科学追肥。

（1）**及时追肥** 当第一穗果长到3厘米大小时（核桃大小）要及时追肥。番茄在果实膨大期吸收氮、磷、钾肥料比例为 1∶0.3∶1.8，所以追肥应本着氮、磷、钾肥配合施用和"少吃多餐"的原则，每亩每次追施三元复合肥 20～25 千克加硫酸钾 5 千克，或随水冲施含量 40% 以上的液体肥 10～15 千克，尤其要重视钾肥的施用比例，以提高品质和防止筋腐病的发生。以后每穗果长到核桃大小时都要追肥一次，在拉秧前 30 天停止追肥。生长期间叶面喷肥 3～5 次，以快速补充营养，可采用 0.3% 浓度的磷酸二氢钾加 0.5% 浓度的尿素混合喷施，也可选用其他效果好的有机液体肥，要避开中午光照强时和露水未干时喷施，并尽量喷在叶背面以利于吸收。

（2）通风和二氧化碳施肥 生长期间及时通风换气，外界气温较低时，通过多层覆盖来提高室温，确保番茄正常生长；当最低气温达 15℃时夜间可不关风口，采用棚顶留顶缝的扣膜方式，在温度高时有利于降温。

问题二：幼苗不健壮，田间管理不科学。

由于幼苗生长环境差，尤其是营养少、透气性不好，温度过高或过低，致使幼苗长势弱、根系发育不好，没有为高产、高效打下良好的基础。在棚室的温度、湿度、光照等环境条件调节和浇水、通风、喷花等方面差距大，造成病虫害发生，畸形果比例大、品质差、产量低。

对策：科学管理，促弱转壮。

（1）**合理浇水**　浇水原则是前期不浇水，坐果后要均匀浇水。待第一穗果长至 3 厘米大小时开始浇水，采用膜下滴灌或暗灌的方式。果实膨大期间要保证水分供应，以"小水勤浇"的方式浇水，不要过分干旱和大水漫灌。一般每 7～10 天浇水一次，结果期维持土壤最大持水量 60%～80% 为宜，以防止出现裂果和植株早衰。

（2）**采用吊蔓整枝措施**　采用塑料绳吊蔓或竹竿搭架来固定植株。宜采用银灰色的塑料绳，有驱避蚜虫的作用；插架时不宜插"人"字架，应插成直立架。定植后的侧枝在长至 7.5 厘米长时打去，以后要及时去除侧枝和下部的老叶、黄叶。采用吊蔓方式的要及时顺时针方向绕蔓；插架方式的，进入开花期进行第一次绑蔓，绑蔓部位在花穗之下。绑蔓时注意将花序朝向走道的方向。每株留 4～6 穗果，长至预定果穗时摘去顶尖，最上部果穗的上面留 2～3 片叶。

问题三：密度不合理。

种植密度过密或过稀，还有些地块行距过小，不利于植株通风透光和田间操作，致使长势弱，易感染病害，产量低。

对策：调节温、湿度和光照。

（1）定植到缓苗期 应以升温保温为主，定植后闷棚 1 周左右，使棚温尽量提高，白天保持在 30 ℃左右，温度达 32 ℃以上时可短时间通风，夜间在 15～18 ℃。

（2）蹲苗期 缓苗后要有明显的蹲苗过程，进行中耕松土，促进根系生长。调节适宜的温度，白天适宜温度在 25 ℃左右，夜间在 13～15 ℃，具体蹲苗时间应根据苗的长势和地力因素来决定，一般在 10～15 天。要控制浇水、追肥，保持室内空气相对湿度在 40%～50%。尽量多增加光照。

（3）开花期 白天生长适温为 20～28 ℃，夜间为 15～20 ℃，保持室内空气相对湿度在 60%～70%。

（4）结果采收期 白天 24～30 ℃，夜间 15～18 ℃；保持室内空气相对湿度在 50%～60%；5 月下旬以后，晴天中午 11～15 时在棚顶覆盖遮阳网，以降温和避免光照太强而晒伤果实。

(5) **喷花疏果** 在开花适期采用丰产剂 2 号或甲硫·乙霉威喷花（或蘸花），在不同室温条件下配制不同的浓度，并加入红颜色做标记，避免重喷或漏喷；不要喷到生长点和叶片上，以免造成药害；坐住果后及时疏去多余果实，去掉畸形和偏小的果实，每穗选留果型发育好且生长整齐的果实 4 个左右。

问题四：病虫害防治不及时。

有些地块因晚疫病、叶霉病、白粉虱、棉铃虫和根结线虫等病虫害的危害而造成减产。

对策：病虫害防治按照"预防为主，综合防治"的植保方针，坚持以"农业防治、物理防治、生物防治为主，化学防治为辅"的原则。不使用国家明令禁止的农药。

(1) **晚疫病** 应避免低温高湿的生长环境。发病初期用 72.2% 霜霉威水剂 600 倍液，或 72% 霜脲锰锌 500 倍液喷雾防治。

(2) **灰霉病** 覆盖地膜，降低棚内湿度，合理密植，及时清除病果、病叶。用 50% 乙烯菌核利可湿性粉剂 1 000 倍液或 50% 异菌脲可湿性粉剂 600～800 倍液等药剂喷雾防治。

(3) **叶霉病** 应采用降低湿度、合理密植等农业防治方法来预防，发病初期用 10% 苯醚甲环唑水分散粒剂 8 000 倍液，或 40％氟硅唑乳油 8 000 倍液或 50％嘧菌酯水分散颗粒剂 3 000 倍液喷雾防治。

（4）**白粉虱** 采用黄板诱杀和安装防虫网的方法来减少虫量，在早晨露水未干时喷施生物农药"生物肥皂"50～100 倍液或 5％天然除虫菊素 1 000 倍液喷雾；可选用 25％噻嗪酮可湿性粉剂 1 500 倍液加 2.5％联苯菊酯乳油 3 000 倍液混合喷雾。

（5）**蚜虫** 采用生物农药 5％天然除虫菊素 1 000 倍液或 50％抗蚜威可湿性粉剂 2 500～3 000倍液或 10％吡虫啉 1 000 倍液喷雾防治。

图书在版编目（CIP）数据

棚室瓜菜实用技术 / 高丁石主编 . —北京：中国
农业出版社，2016.12
（听专家田间讲课）
ISBN 978 - 7 - 109 - 22505 - 3

Ⅰ.①棚… Ⅱ.①高… Ⅲ.①瓜类蔬菜-温室栽培
Ⅳ.①S627.5

中国版本图书馆 CIP 数据核字(2016)第 310780 号

中国农业出版社出版
（北京市朝阳区麦子店街 18 号楼）
（邮政编码 100125）
责任编辑　张　利　郭银巧

文字编辑　浮双双

中国农业出版社印刷厂印刷　　新华书店北京发行所发行
2017 年 1 月第 1 版　　2017 年 1 月北京第 1 次印刷

开本：787mm×1092mm　1/32　印张：6.375
字数：96 千字
定价：15.00 元
（凡本版图书出现印刷、装订错误，请向出版社发行部调换）